Brajesh Kumar Namdev
Anil Kurmi
Moni Thomas

Kusmi Lac em Zizyphus mauritiana gerida com nutrientes

Brajesh Kumar Namdev
Anil Kurmi
Moni Thomas

Kusmi Lac em Zizyphus mauritiana gerida com nutrientes

ScienciaScripts

Imprint

Cover image: www.ingimage.com

This book is a translation from the original published under ISBN 978-3-659-83387-8.

Publisher:
Sciencia Scripts
is a trademark of
Dodo Books Indian Ocean Ltd. and OmniScriptum S.R.L publishing group

120 High Road, East Finchley, London, N2 9ED, United Kingdom
Str. Armeneasca 28/1, office 1, Chisinau MD-2012, Republic of Moldova, Europe
Managing Directors: Ieva Konstantinova, Victoria Ursu
info@omniscriptum.com

Printed at: see last page
ISBN: 978-620-8-41454-2

ÍNDICE DE CONTEÚDOS

ABREVIATURAS

Symbol/ Abbreviations		Stand for
/	:	Per
%	:	Percentage
°C	:	Celsius
Fig.	:	Figure
et.al	:	and other
i.e.	:	that is
Temp.	:	Temperature
RH	:	Relative humidity
viz.	:	Namely
Max.	:	Maximum
Min.	:	Minimum
SW	:	Standard meteorological weeks
Ha	:	Hectare
Mt	:	Million Tonnes
Hrs	:	Hours
Even.	:	Evening
Morn.	:	Morning
NS	:	Non-significant

CAPÍTULO - 1

INTRODUÇÃO

Os nutrientes desempenham um papel importante no crescimento das plantas, facto amplamente reconhecido (Oskarsson et al., 2006; Dianda et al., 2009). Sabe-se que o estado da nutrição mineral influencia factores como o crescimento e o rendimento das plantas cultivadas, afectando alterações no padrão de crescimento, na morfologia e na anatomia das plantas e, em particular, na composição química. A espessura das células epidérmicas, o grau de lenhificação, as concentrações de açúcar, o teor de aminoácidos na seiva do floema e os níveis de compostos defensivos são todos influenciados pelo estado nutricional da planta (Marschner, 1995).

As plantas fornecem nutrientes aos insectos herbívoros; um aumento do teor de nutrientes da planta é suscetível de aumentar a sua aceitabilidade pelas populações de pragas (Scriber, 1984., McGuinness, 1987). O estado nutricional das plantas tem um efeito positivo na dinâmica das populações, o que contribui para taxas de sobrevivência mais elevadas, maior longevidade dos adultos e períodos de reprodução (Bi et al., 2001).

O inseto lacticida indiano, *Kerria lacca* (Kerr), pertence à ordem Hemiptera, subordem Homoptera, superfamília Coccoidae e família Lacciferidae. *K. lacca*, com as suas peças bucais perfurantes e sugadoras, suga a seiva das plantas (Colton, 1984). Os insectos lacca alimentam-se de seiva das plantas (Sharma et al., 2006; Singh et al., 2009), pelo que só se desenvolvem bem em certas espécies de plantas conhecidas como hospedeiros lacca. Foram registados mais de 400 hospedeiros de lac em todo o mundo (Kapur, 1962, Sharma et al., 1997). *Palash (Butea monosperma), Ber (Zizyphus mauritiana)* e *Kusum (Schleichera oleosa)* são os hospedeiros comerciais mais comuns para a produção de lacticínios na Índia (Roonwal, 1962; Pal, 2009). Há duas colheitas da estirpe *Kusmi: Jethwi*, colhida em junho/julho, e *Aghani*, em janeiro/fevereiro. No caso da *variedade Rangeeni, o Katki é colhido* em outubro/novembro e o *Baishakhi* em abril/maio. *O Katki* e *o Baishakhi* são as principais culturas, contribuindo com cerca de 90 % da produção de Lac na Índia (Singh, 2006).

Um mau estado nutricional da planta da árvore hospedeira do inseto-laca pode ter efeitos adversos no desempenho e na aptidão do inseto. Os insectos que se alimentam do floema afectam negativamente o crescimento e o perfil de azoto aminado das suas plantas hospedeiras (Cook e Denno, 1994). A relação inseto-planta pode ser afetada pela aplicação de micro ou macro nutrientes às plantas cultivadas (Wellings e Dixon, 1987).

A seiva do floema é uma importante fonte de insectos da ordem Hemiptera (Douglas, 2003). Ao contrário dos enormes investimentos em culturas de rendimento, como o algodão, a cana-de-açúcar, os produtos hortícolas e os citrinos, as culturas de rendimento de lacticínios de grande aplicação industrial não requerem qualquer investimento ou requerem um investimento mínimo. A produção de lacticínios também proporciona meios de subsistência a 3 - 4 milhões de lacticultores (Rao e Singh, 1990), especialmente os dependentes da floresta e os agricultores de sequeiro (Ogle e Thomas, 2006). É uma fonte subsidiária de rendimento para os agricultores de sequeiro, principalmente em partes de Jharkhand, Bengala Ocidental, Madhya Pradesh, Chhattisgarh, Maharashtra e Andhra Pradesh (Jaiswal et al., 2004, Ogle e Thomas, 2006; Ramani et al., 2010).

A aplicação de nutrientes às plantas não só aumenta o seu crescimento mas também a alimentação do floema é um facto científico estabelecido (Embden 1973). Por conseguinte, qualquer aplicação de nutrientes à árvore hospedeira do inseto da laca é suscetível de aumentar o crescimento da árvore e a produtividade da laca. É necessário validar este acordo, uma vez que quaisquer resultados positivos não só conservarão a árvore hospedeira, mas também beneficiarão economicamente o grupo de produtores de lacticínios, geralmente desfavorecido.

Por conseguinte, está planeada a presente investigação intitulada **Estudo sobre o desempenho da cultura *Aghani* de *Kusmi* lac em *Z. mauritiana* gerida com nutrientes sob condições de precipitação intensa,** com os seguintes objectivos

1. Impacto da precipitação na colonização de insectos lacustres.
2. Impacto da gestão dos nutrientes na produção de lacticínios.

CAPÍTULO - 2

REVISÃO DA LITERATURA

A literatura científica analisada para o presente trabalho **Estudo sobre o desempenho da cultura *Aghani* de *kusmi* lac em *Zizyphus mauritiana* gerida com nutrientes sob condições de precipitação intensa** é revista em subcapítulos apropriados para uma melhor compreensão.

2.1 Lac general

Colton (1984) referiu que o inseto lacticida, *Kerria lacca*, é uma dádiva valiosa da natureza para a humanidade. *K lacca* é um inseto cochonilha pertencente à ordem Hemiptera, subordem Homoptera, superfamília Coccoidea e família Lacciferidae. Possui peças bucais do tipo perfurante e sugador que sugam a seiva das plantas, no processo em que o inseto segrega a substância resinosa dos seus três pares de glândulas lacrimais altamente especializadas.

Os insectos lac são alimentadores de seiva de plantas (Sharma et al., 2006; Singh et al., 2009), pelo que só se desenvolvem bem em certas espécies de plantas conhecidas como hospedeiros lac. Em todo o mundo, observou-se que mais de 400 hospedeiros de lacárias são portadores de insectos lacraceiros (Kapur, 1962, Sharma et al., 1997). *Palash (Butea monosperma), Ber (Zizyphus mauritiana)* e *Kusum (S. oleosa)* são os hospedeiros comerciais mais comuns para a produção de lacticínios na Índia (Roonwal, 1962; Pal, 2009).

Ramani (2011) referiu que existem 12 estados produtores de lacticínios na Índia, *nomeadamente* Andhra Pradesh, Assam, Bihar, Chhattisgarh, Gujarat, Jharkhand, Madhya Pradesh, Maharashtra, Meghalaya, Orissa, Uttar Pradesh e Bengala Ocidental.

Ogle e Thomas (2006) referiram que a Índia é o maior produtor de lac, com uma quota de 62% da produção mundial de 44 000 toneladas métricas. O país ganhou divisas no valor de Rs. 15.262 lakhs.

Jaiswal e Dwivedi (2005) recomendaram quatro passos fundamentais para a cultura sistemática da laceira - poda das árvores hospedeiras, infestação (inoculação) das árvores hospedeiras com insectos da laceira, remoção das varas de criação usadas (sementes de insectos da laceira) e colheita da cultura. Isto para além da aplicação de insecticidas/fungicidas para controlo de pragas/doenças, do agrupamento de árvores e de outros conselhos para a manutenção adequada da cultura da laceira.

2.2 Gestão de nutrientes

É amplamente aceite que os nutrientes desempenham um papel importante no crescimento das plantas (Oskarsson et al., 2006; Dianda et al., 2009), e registou-se uma resposta positiva da fertilização NPK ao crescimento da cultura do trigo (Berg e Hamid, 1976).

Nori et al. (2012) referiram que o azoto é o elemento mais crítico para o crescimento das plantas, o rendimento e a qualidade dos produtos nas culturas.

Bungard et al. (1999) referiram que o azoto compreende sete por cento da matéria seca total das plantas e é um constituinte de muitos componentes celulares fundamentais, como os ácidos nucleicos, os aminoácidos, as enzimas e os pigmentos fotossintéticos.

Ragothama (1999) referiu que o fósforo, o segundo macronutriente mais importante a seguir ao azoto, é necessário para o crescimento das plantas.

Vance et al. (2003), num estudo, referiram que o potássio tem um papel importante na fotossíntese, respiração, produção de energia, biossíntese de ácidos nucleicos e como componente integral de várias estruturas vegetais, como os fosfolípidos.

Yoshida (1981) relatou que o potássio é um elemento essencial para o crescimento das plantas e participa em vários processos fisiológicos.

Lal et al. (2003) referiram que os parâmetros de crescimento, rendimento e qualidade da *Z. mauritiana* melhoraram significativamente com a adição de azoto, enquanto a aplicação de fósforo influenciou significativamente todos os parâmetros, exceto a altura da planta, a dispersão e a acidez do fruto. Aplicaram quatro níveis de N (0, 250, 500 e 750g por planta) em combinação com três níveis cada de P O_{25} (0, 250 e 500g por planta) e K_2 O (0, 50 e 100g por planta) foram aplicados a plantas com dez anos de idade. Assim, a dose basal de diferentes nutrientes foi aplicada para melhorar o crescimento de *Z. mauritiana* para aumentar a produção de lac.

Paul et al. (2012) relataram que 100g de N, 250g de P e 75g de K por planta de *Z. mauritiana* apresentaram maior rendimento de lac em *Z. mauritiana* com aplicação de fertilizantes e tratamento manual.

Marschner (1995) referiu que se sabe que o estado de nutrição mineral influencia factores como o crescimento e o rendimento das plantas cultivadas, afectando alterações no padrão de crescimento, na morfologia e anatomia das plantas e, em particular, na composição química. Por exemplo, a espessura das células epidérmicas, o grau de lenhificação, as concentrações de açúcar, o teor de aminoácidos na seiva do floema e os níveis de compostos defensivos são todos influenciados pelo estado nutricional da planta e, por sua vez, afectam ou presume-se que afectem a resistência aos insectos

2.3 Nutrientes e insectos

Wellings e Dixon (1987) referiram que os alimentadores de floema afectam negativamente tanto o crescimento como o perfil de azoto aminado das suas plantas hospedeiras.

Cook e Denno (1994) referiram que uma má nutrição das plantas pode ter efeitos adversos no desempenho e na aptidão dos alimentadores de seiva.

Embden (1973) referiu que os aminoácidos essenciais na seiva das plantas são essenciais para o crescimento e a reprodução dos afídeos.

Klingauf (1987) referiu que numerosos estudos demonstraram que a variação nas concentrações alimentares de aminoácidos e sacarose afecta o crescimento, a sobrevivência e a reprodução dos afídeos.

Cottam (1985) referiu que os afídeos que se alimentam do floema, a mosca branca ou as cochonilhas foram todos acusados de reduzir o vigor das suas plantas hospedeiras As plantas têm de se defender do ataque de uma vasta gama de pragas e agentes patogénicos, incluindo fungos, bactérias, vírus, nemátodos e insectos herbívoros.

Cada vez mais provas sugerem que os nutrientes minerais desempenham um papel crítico na resistência das plantas ao stress (Kant e Kafafi, 2002; Cakmak, 2005; Amtmann et al., 2008; Romheld e Kirkby, 2010)

Teetes (1980) e Listinger (1993) observaram que estudos anteriores indicam que as plantas com nutrientes suficientes são mais fortes, mais saudáveis e, em geral, mais capazes de compensar os danos causados por pragas do que as plantas com deficiências nutricionais.

Os efeitos positivos do estado nutricional das plantas na dinâmica populacional, que contribuem para taxas de sobrevivência mais elevadas, maior longevidade dos adultos e períodos reprodutivos (Bi et al., 2001), período de pré-oviposição mais curto (Metcalfe, 1970), maior taxa de ovos postos por dia (Minkenberg et al.,1990 e Nevo e Coll, 2001) e a fecundidade (Metcalfe, 1970, Nevo e Coll, 2001) dos herbívoros, são atribuídos ao aumento do teor de proteínas solúveis e de aminoácidos livres específicos para alterar a morfologia da planta hospedeira (Nevo e Coll, 2001) e a densidades populacionais elevadas (Cisneros, 2001; Jansson e Smilowitz,1986; Liu e Wang,1989; Su et al., 2003).

Slansky e Scriber (1985) referiram que a alimentação para sobrevivência e desenvolvimento de herbívoros imaturos é o primeiro passo em todas as actividades fisiológicas, enquanto a oviposição é considerada como o fim da vida das fêmeas adultas.

Scriber (1984) e Mc Guinness (1987) referiram que as plantas fornecem nutrientes aos insectos herbívoros; um aumento do teor de nutrientes da planta é suscetível de aumentar a sua aceitabilidade pelas populações de pragas.

Abro et al. (2004) referiram que a relação inseto-planta pode ser afetada pela aplicação de micro/macro nutrientes às plantas cultivadas.

Huberand e Thompson (2007) referiram que as plantas deficientes em nutrientes são fracas e vulneráveis à incidência de doenças das plantas e ao ataque de insectos-praga.

Marschner (1995) referiu que a nutrição das plantas tem um impacto substancial na predisposição das plantas para serem atacadas ou afectadas por pragas e doenças. Ao afetar o padrão de crescimento, a anatomia e a morfologia e, em especial, a composição química, a nutrição das plantas pode contribuir para um aumento ou uma diminuição da resistência e/ou tolerância a pragas e doenças.

Marschner (1995) e Patriquin et al. (1995) referiram que o estado de nutrição mineral é conhecido por influenciar factores como o crescimento e o rendimento das plantas cultivadas, afectando alterações no padrão de crescimento, na morfologia e anatomia das plantas e, em particular, na composição química. Por exemplo, a espessura das células epidérmicas, o grau de lenhificação, as concentrações de açúcar, o teor de aminoácidos na seiva do floema e os níveis de compostos defensivos são todos influenciados pelo estado nutricional da planta e, por sua vez, afectam ou presume-se que afectem a resistência aos insectos.

Douglas (2003) estudou que a seiva do floema é uma fonte de alimento extrema que é utilizada como dieta dominante ou única de muito poucos animais, especificamente insectos da ordem Hemiptera, incluindo afídeos, mosca branca, fungos de plantas e alguns insectos pentatomídeos.

A seiva do floema contém dois macronutrientes, aminoácidos e açúcares (geralmente sacarose). Embora as concentrações destes químicos na seiva do floema tenham sido medidas em muitas plantas (Becker, 1973; Zimmerman e Ziegler, 1975), a sua variabilidade dentro de cada planta foi investigada apenas em duas espécies: *Sallacutifolia* e *Lupinusalbus*

A resposta dos insectos que se alimentam do floema aos açúcares do floema é fisiologicamente complexa, envolvendo componentes nutricionais, osmorreguladores e comportamentais. Os açúcares do floema são a principal fonte de carbono e combustível respiratório para estes insectos (Rhodes et al., 1996 e Febvay et al., 1999).

2.4 Nitrogénio e insectos

Ge et al. (2003) referiram que a aplicação de fertilizantes, especialmente de fertilizantes azotados, resulta numa grave resistência à ocorrência de insectos herbívoros.

Chen et al. (2008) relataram que a qualidade nutricional da planta e as defesas da planta que atuam diretamente sobre os herbívoros são alteradas pela fertilização com N, e os insetos herbívoros podem distinguir entre plantas que recebem diferentes aplicações de N.

Bhinde (1993), baixos teores de azoto nas plantas aumentam a resistência das plantas às pragas, mas elevados teores de azoto provocam um crescimento vigoroso, com a consequente diminuição da resistência às pragas.

Bi et al. (2001) referiram que o aumento da aplicação de fertilizantes azotados está positivamente correlacionado com a população de adultos e ninfas de *B. argentifolia.*

Phelan et al. (1996) referiram que a alteração da preferência dos insectos por requisitos nutricionais óptimos das plantas através da alteração do nível de fertilizante de um solo.

Hu et al. (1983) referiram que a fertilização com azoto também aumentou significativamente as populações de WBPH, GLH e cigarrinha-das-pastagens

Ebert (1996) referiu que o azoto é absorvido pelas plantas sob duas formas diferentes, nitrato ou amónio. As composições de aminoácidos eram diferentes entre plantas com diferentes tratamentos de azoto, e o conteúdo de aminoácidos e a relação hidratos de carbono/aminoácidos estão ligados a alterações no desenvolvimento dos afídeos.

Coulibaly (1990) relatou que o aumento da aplicação de fertilizante de nitrogênio reduziu o teor de fibra na cana-de-açúcar e resultou em danos aumentados pela broca do caule.

LU et al. (2007) referiram que o azoto é um dos factores mais importantes no desenvolvimento das populações de herbívoros. A aplicação de fertilizantes azotados nas plantas pode normalmente aumentar a preferência alimentar dos herbívoros, o consumo de alimentos, a sobrevivência, o crescimento, a reprodução e a densidade populacional

Bi et al. (2001) e Ge et al. (2003) referiram que quanto maior for a aplicação de fertilizantes, especialmente de fertilizantes azotados (N), maior será a ocorrência de insectos herbívoros e os danos causados às culturas por estes insectos, reduzindo a resistência das plantas.

Prudic et al. (2005) relataram que a qualidade nutricional das plantas e as defesas das plantas que actuam diretamente sobre os herbívoros são alteradas pela fertilização azotada, e os insectos herbívoros podem distinguir entre plantas que recebem diferentes aplicações de azoto.

2.5 Fósforo e insectos

Skinner e Cohen (1994) referiram que níveis mais elevados de fósforo estão associados a níveis mais elevados de insectos.

Jansson e Ekbom (2002) verificaram que, à medida que os níveis de fertilizante P aumentavam, o tempo de desenvolvimento do afídeo *(Macrosiphum euphorbiae)* diminuía, e o tempo de vida dos adultos e o número de descendentes aumentavam.

2.6 Potássio e insectos

O potássio (K) tem sido considerado um componente-chave da nutrição das plantas que influencia significativamente o crescimento das culturas e a infestação de algumas pragas. O fertilizante potássico está negativamente associado à ocorrência de *Aphis glycines* (Myers e Gratton, 2006), cigarrinhas e ácaros (Parihar e Upadhyay, 2001). O aumento dos níveis de K na folhagem pode reduzir a pressão dos insectos (Walter e DiFonzo, 2007).

Amtmann et al. (2008) apresentam um mecanismo potencial para explicar a relação entre a deficiência de K e o aumento do ataque de insectos. A deficiência de K resulta na redução da síntese de proteínas, amido e celulose, e no aumento da acumulação de compostos de menor peso molecular, como aminoácidos, nitratos, açúcares solúveis e ácidos orgânicos. Estes compostos de menor peso molecular são mais facilmente utilizados como fontes de nutrientes pelos insectos sugadores. Assim, por outras palavras, a deficiência de K por si só pode não estar correlacionada com um maior ataque de insectos, mas o impacto subsequente da deficiência de K nas plantas, torna as plantas mais facilmente atacadas por insectos sugadores. Isso é melhor explicado por (Walter e DiFonzo, 2007) que relataram que a baixa fertilidade de K estava associada a altos níveis foliares do aminoácido serina e a maiores

infestações de pulgões\

Subramanaian e Balasubramanaian (1976) referiram que as alterações induzidas pelo potássio na planta do arroz tinham um efeito profundo nas interações entre insectos e hospedeiros. O aumento do potássio na planta de arroz provocou uma redução da taxa de alimentação da cigarrinha castanha *Nilaparvata lugens* (Vaithillingan et al.,1976) e da taxa de crescimento da população de *N. lugens* e da cigarrinha verde, *Nephotettix sp.*

Vaithillingan e Baskaran, (1983) referiram que o aumento do nível de K levou à acumulação de mais fenóis, o que provavelmente contribuiu para aumentar a resistência aos insectos em algumas cultivares de arroz.

2.7 Impacto da precipitação

A supressão da população de afídeos durante o período de precipitação elevada foi registada por (Patel et al., 1997). A população de insectos sugadores diminuiu em julho e aumentou de janeiro a março, respetivamente (Senapati e Mohanty, 1980).

A cultura da laca é vulnerável ao stress biótico e abiótico (Sharma et al., 1997; Bhagat e Mishra, 2002; Jaiswal et al., 2008).

Patel et al. (1997) referiram que a elevada precipitação durante o mês de julho influencia a fixação do inseto lac. Supressão da população de afídeos durante o período de alta pluviosidade.

Os factores meteorológicos desempenham um papel importante na flutuação da população de pragas de insectos sugadores (Gogoi et al., 2000; Murugan e Uthamasamy, 2001; Panicker e Patel, 2001)

Senapati e Mohanty (1980) referiram que a população de insectos sugadores diminuía em julho e aumentava a partir de janeiro e até março.

Estudos anteriores determinaram os limites ambientais dos organismos, geralmente no que diz respeito a factores abióticos, como a temperatura, a irradiância, a disponibilidade de água e a nutrientes ou toxinas específicos. Estes dados fornecem informações vitais para estudos de mecanismos fisiológicos e explicações sólidas para a ecologia de muitos taxa (Spicer e Gaston, 1999; Hochachka e Somero, 2002).

As alterações nos padrões de precipitação, as secas e inundações frequentes, o aumento da intensidade e frequência das vagas de frio, os surtos de pragas e doenças afectam profundamente muitos sistemas biológicos (IPCC, 2007) e o subsector do leite é igualmente afetado.

Li et al. (1992) referiram que os diferentes factores climáticos, como a temperatura e a humidade relativa, tinham uma associação positiva com a população de tripes no algodão.

2.8 Atividade principal da produção de lacticínios

2.8.1 Inoculação

A disponibilidade atempada de crias de qualidade e isentas de pragas é o fator mais importante para a cultura da lacticultura (Singh, 2010), especialmente em julho, na estação das chuvas (Kumar e Das, 2012).

Para a inoculação de uma árvore *Kusum* média, foram necessários cerca de 4 kg de broodlac *de Kusmi,* 1,5 kg para a árvore *Z. mauritiana* e 750g a 1,00 kg de broodlac para a árvore *B. monosperma* (Srivastava ,2011), enquanto (Kumar e Das, 2011) referiram que são necessários 20g-30g de broodlac por metro de ramo suculento. Dependendo do tipo e do tamanho da árvore hospedeira da laca, a quantidade de broodlac difere.

Bhagirath (2013) e Janghel (2013) relataram que a quantidade de broodlac usada em *Z. mauritiana* e *B. monosperma* variou de 500g a 700g por planta.

2.8.2 Deslocação

O processo de deslocação é utilizado para uma utilização eficiente do broodlac foi efectuado pela primeira vez por (Khobragade, 2012). Desde então, a deslocação tornou-se popular e a operação foi seguida por (Janghel e Bhagirath, 2013).

2.8.3 Remoção *do Phunki*

A remoção do *Phunki* após três semanas de BLI foi sugerida por (Sharma e Jaiswal, 2011)

Khobragade (2012), Janghel (2013) e Bhagirath (2013) relataram que a remoção do *Phunki* é uma operação de mão de obra intensiva, mas a laca raspada proporciona-lhes um rendimento em dinheiro após 30 anos de BLI.

2.9 Sobrevivência do inseto lac

Bhagirath (2013) relatou que a sobrevivência do inseto da laceira desde o BLI até à colheita foi de 22 a 27% na cultura *Aghani Kusmi* lac, enquanto variou de 27 a 32% na cultura *Katki* em *B. monosperma* (Janghel, 2013) e na cultura *Baisakhi* em *Z. mauritiana* foi de 21 a

25% (Kunal, 2013).

2.10 Rendimento do leite cru

De acordo com Mishra et al. (1999), em *F. semialata*, o peso das células vivas e o peso das células *Phunki* (secas) variaram de 13,16 a 38,33 mg e de 8,00 a 19,00 mg, respetivamente, enquanto que em *F. macrophylla* variaram de 16,83 a 31,67 mg e de 9,33 a 18,83 mg. Assim, o rendimento varia de hospedeiro para hospedeiro.

Bhagirath (2013) referiu que o peso fresco médio (g) de 100 células maduras de lacas era de 4,88 g em *Kusmi* lac e de 3,38 g no caso de *Rangeeni* lac, enquanto no presente estudo variou de 6,14 a 8,02 g em vários tratamentos

Bhagirath (2013) referiu que o peso seco médio de 100 células era de 4,66 g no caso do *Kusmi* lac e de 2,63 g no caso do *Rangeeni* lac.

De acordo com Ghosal (2013), a aplicação de potássio pode provocar uma redução apreciável na percentagem de matéria seca dos rebentos inoculáveis. Quanto menor for a percentagem de matéria seca, mais o rebento será suculento. Por conseguinte, pode afirmar-se que os rebentos inoculáveis se tornam mais suculentos devido à aplicação de potássio, o que é suposto contribuir para uma maior produção de lac. Resultados semelhantes foram registados por (Abayomi, 1987) na cana de açúcar. De acordo com (Zengin et al., 2009), o aumento da suculência pode dever-se a um aumento da absorção de água na planta aplicada com potássio.

CAPÍTULO - 3

MATERIAL E MÉTODOS

O presente trabalho de investigação intitulado "Estudo sobre o desempenho da cultura *Aghani* de *kusmi* lac em *Zizyphus mauritiana* gerida com nutrientes sob condições de precipitação intensa" na aldeia de Dhapara, bloco de Barghat, distrito de Seoni, Madhya Pradesh, foi realizado de maio de 2013 a fevereiro de 2014.

3.1 Localização da área de estudo

3.1.1 Distrito de Seoni

Geograficamente, o distrito de Seoni situa-se na parte sul de Madhya Pradesh, entre as latitudes 21035 e 22058' N e as longitudes 79012' e 80018 E. O distrito faz fronteira com os distritos de Jabalpur, Narsinghpur e Mandla a norte, Balaghat a leste e Chhindwara a oeste e a fronteira sul do distrito situa-se numa posição próxima de Nagpur (Maharashtra). A autoestrada nacional -7, que liga Kanyakumari a Caxemira, passa pela parte sul do distrito. Uma estrada de bom tempo liga as principais cidades do distrito. Chhindwara, Balaghat, Katangi e Nainpur (Fig. 3.1) são algumas das cidades vizinhas mais importantes. A linha de caminho de ferro de bitola estreita Chhindwara-Nainpur passa por Seoni. Os centros de consumo são Seoni, Lakhnadon, Barghat, Chhapara, Dhuma, Kanhiwara e Keolari. Os cereais, os legumes, as frutas, os produtos florestais menores e a madeira encontram os principais mercados em Nagpur e Jabalpur e nos centros de consumo do distrito.

Geologicamente, a área faz parte da cordilheira de Maikal das partes norte e leste de Satpura Hills, com tendência N-S, NE-SW e E-W. A elevação topográfica mais elevada do distrito é de 756 m acima do nível médio das águas do mar na região do planalto de Seoni-Lakhanadon e a mais baixa é de 430 m acima do nível médio das águas do mar nas planícies do rio Wainganga-Hirri.

Em termos agro-climáticos, o distrito situa-se na Zona IV - Planalto de Kymore e Zona de Satpura Hill de Madhya Pradesh. O distrito de Seoni faz parte das colinas e do planalto da cadeia de montanhas de Satpura. A maior parte da paisagem é ondulante e rochosa, com uma fina camada de cobertura do solo. A parte da terra utilizada para fins agrícolas é de 43,22% da cobertura total do solo, dos quais apenas 11,93% têm irrigação assegurada e, por conseguinte, são objeto de dupla cultura. O resto da terra agrícola é totalmente de sequeiro e produz apenas uma colheita por ano.

3.1.2 Bloco de Barghat

Barghat é um dos 8 blocos do distrito de Seoni e tem 142 aldeias (136 aldeias fiscais, 4 aldeias florestais e 2 aldeias desabitadas). Tem uma área geográfica de 53.924,09 ha, dos quais 44.218,70 ha são áreas cultivadas. A área irrigada é de 4.536,63 ha (10,25%), enquanto 39.682,07 ha não são irrigados (89,75%).

3.1.3 Aldeia de Dhapara

A aldeia de Dhapara tem uma área geográfica de 397,08 ha, dos quais 338,17 ha são cultivados, enquanto 22,20 ha, 6,50 ha e 27,75 ha não são cultivados sob rios e lagoas. A população da aldeia é de 1885 habitantes (Quadro 1).

Figura 3.1 Mapa do distrito de Seoni

Quadro 1. Informações sobre a aldeia de Dhapara

S. No.	Particulars	ha/no./q
1.	Geographical area	397.08
2.	Total cultivated area	338.17
3.	Under forest area	81.82
4.	Area under Rivers and Ponds	23.14
5.	Number of households	377
6.	Populations	3683
	a. Male	1840
	b. Female	1843
7.	Literacy	
	a. Literate	2149
	b. illiterate	1534
8.	Total number of Lac growers	153
9.	Estimate number	
	Ber trees	5642
	Palash trees	20770
10.	Estimate annual lac production (q)	
	a. *Katki crop*	20
	b. *Baisakhi crop*	69

3.2.1 Detalhes experimentais

O estudo foi planeado em RBD, com seis repetições e quatro tratamentos, como mencionado no (Quadro - 2).

Tabela 2. Detalhes da experiência

Host trees		*Ber* (*Z. mauritiana*)
Design		R.B.D.
Number of Replications		6
Number of treatments		4
Number of *Z. mauritiana*trees per treatment		12
Total number of *Z.mauritiana* trees per replication		2
Treatment details (basal application of fertilizers per *Z. mauritiana* tree)		
T_1	Application of Nitrogen (Urea 220g)	
T_2	Application of Nitrogen (Urea 220g) and Phosphorus (SSP 1560g)	
T_3	Application of Nitrogen(Urea 220g), Phosphorous (SSP 1560g) and Potassium (MoP 125g)	
T_4	Control i.e. no use of fertilizers (Lac growers practice)	

3.2.2 Critérios de seleção de

a. Produtores de lacticínios:

Foram selecionados para o estudo produtores de lacticínios que tinham árvores *de Z mauritiana* no seu campo e que estavam dispostos a participar na investigação. A marcação das árvores selecionadas foi feita no mês de maio de 2013.

b. Árvores:

Foram selecionadas para o estudo árvores *de Z mauritiana* com mais de cinco anos, saudáveis, podadas e com ramos suculentos suficientes.

3.3 Operações

Durante a experiência, foram efectuadas as nove operações principais seguintes (quadro 3).

Quadro 3. Pormenores da operação principal

S. no.	Operations	Period
1	Selection of plant and its marking	Last week of May
2	Soil sample collection	June 2013,November, 2013 and January, 2014
3	Application of fertilizers	19-20th June, 2013
4	Broodlac inoculation	16-17thJuly, 2013
5	Shifting of broodlac inoculated	23rdJuly, 2013
6	*Phunki* removal	6th August, 2013
7	Spraying of pesticide	25-26th August, 2013
8	Harvesting of sticklac	9-10th January, 2014
9	Scraping of raw lac	25th January to 6th February 2014

3.3.1 Aplicação de fertilizantes

Todas as árvores *de Z mauritiana* marcadas, exceto o controlo (T4), foram aplicadas com uma dose basal de fertilizante conforme o tratamento (Quadro 2) um mês antes da inoculação de Broodlac.

3.3.2 Inoculação de Broodlac

O processo de inoculação de Brood lac teve as três operações seguintes

a. **Inoculação da ninhada:** Para a inoculação de cada árvore *de Z. mauritiana* foram utilizados broodlac saudáveis com 300 a 600 g de peso. Dependendo do tamanho da árvore, as ninhadas foram divididas em três a seis feixes (cada um com 100 g por feixe) e inoculadas entre 16th e 17th de julho de 2013.

b. **Deslocação:** Os feixes de cria foram cuidadosamente deslocados após 5 a 6 dias da sua inoculação para os ramos da mesma árvore *Z mauritiana* que têm menos colonização larvar. Isto foi feito para assegurar uma distribuição uniforme da criação em todos os ramos da árvore onde não havia colonização de larvas ou esta era insuficiente.

c. **Remoção *do Phunki*:** As larvas (rastejantes) do inseto lacticida de Broodlac instalam-se na árvore em três semanas a partir da data da sua inoculação. Quando os rastejantes deixam o broodlac e se instalam nos galhos do hospedeiro, os restos do feixe de Broodlac são chamados de *Phunki. O Phunki* é, de facto, um sticklac. *O Phunki* é normalmente constituído por predadores, foi removido após 21 dias de inoculação do Broodlac e raspado para recuperar a laca crua, e neste processo os predadores são removidos.

3.3.3 Pulverização de pesticidas

A aplicação de pesticidas para a gestão de predadores é um processo essencial na produção de lacticínios.

a. **Equipamento e artigos:** As operações de pulverização foram efectuadas com um pulverizador. Balde de plástico, tambor, máscara facial, óculos de sol e sabão foram outros itens utilizados durante as operações de pulverização.

b. **Preparação da solução de pesticidas:** A solução de pesticidas foi preparada adicionando a quantidade desejada (1g de cloridrato de Cartap por litro de água + 1g de Mancozeb por litro de água) num pequeno recipiente, seguido de uma agitação rápida com um pedaço de pau. Esta solução concentrada foi ainda diluída com água limpa para fazer a solução de pulverização.

c. **Pulverização:** A pulverização de pesticidas com um pulverizador de pé requer duas pessoas. Uma operava o pedal do pulverizador de pé enquanto a outra, segurando a lança do pulverizador, pulverizava a solução na árvore *Z. mauritiana.*

d. **Calendário de pulverização:** A pulverização dos pesticidas foi efectuada de 25th a 26th de agosto de 2013.

3.3.4 Colheita do sticklac

Na maturidade, o sticklac foi colhido em 9th e 10th de janeiro de 2014 para estimar o rendimento do lac.

3.3.5 Raspagem da laca crua

Após a colheita do sticklac, a sua raspagem foi efectuada entre 25th janeiro e 6th fevereiro de 2014.

3.4 As observações foram registadas a partir de

Três ramos de *Z. mauritiana* foram selecionados ao acaso, em cinco pontos fixos de 2,5 cm2 por ramo. As observações foram registadas de acordo com o calendário mencionado no (Quadro -4).

Quadro 4. Pormenores das observações e respetivo calendário

S. no.	Observation	Scale	Period
A. Pre-harvest			
a.	Larval settlement count	Lac insect/2.5 sq. cm succulent branch*	30 days after BLI**
B. Post-harvest			
a.	Ratio of insect settlement to harvest	Lac insect/2.5 sq. cm branch sticklac	August 2013-January 2014
b.	Raw lac production	Weight(g) of raw lac /foot of sticklac	January 2014
c.	Ratio of fresh raw lac to dry raw lac	Weight(g) loss after shady drying	January 2014
d.	Mean cell weight	Weight(g) of 100 cell	January 2014
e.	No. of sticklac/plant	In number	January 2014
f.	Lac yield/plant	Kg/plant	January 2014
g.	Cost of Fertilizers application	Per tree	February 2014
h.	Cost of pesticide application	Per tree	February 2014

* 3 ramos / plano; **BLI- Inoculação de Broodlac

3.5 Análise estatística

Os dados registados sobre vários aspectos foram tabulados e submetidos a uma análise estatística utilizando as técnicas de análise de variância (Panse e Sukhatme, 1967). A significância dos tratamentos foi testada pelo teste "*F*". Se o teste "*F*" exprimisse a diferença significativa entre os valores médios dos tratamentos testados, calculava-se a diferença crítica (DC) a um nível de significância de 5%.

Tabela 5. Análise de Variância

Sources of variance	*Df*	S.S.	M.S.S	*F Cal*	*F Tab*
Replications	(r-1)	SSR	VR	-	
Treatments	(t-1)	SST	VT	VT / VE	*F* at 5% (t-1), (r-1) (t-1)
Errors	(r-1) (t-1)	SSE	VE		
Total	(r.t-1)				

Onde:

r = número de replicações

t = número de tratamentos

VR= soma média dos quadrados da replicação

VT=soma média dos quadrados do tratamento

VE= erro médio da soma dos quadrados

A significância entre as médias dos diferentes tratamentos foi avaliada pela diferença crítica (DC) a um nível de significância de 5% para a comparação entre os tratamentos, tendo sido consideradas as médias marginais de cada tratamento. A fórmula seguinte foi utilizada para as várias estimativas.

I. Erro padrão da média

$$S.Em \pm = \sqrt{\frac{E.ms}{r}}$$

ii. Diferença crítica (DC) = SEm *x* √ *2 x* t 0,05

Onde:

Ems=soma média do quadrado do erro

t=valor "*t*" com um nível de erro de 5 *d.f.*

r=número de réplicas

CAPÍTULO - 4

RESULTADOS

O presente trabalho de investigação intitulado **"Estudo sobre o desempenho da cultura *Aghani* de *kusmi* lac em *Zizyphus mauritiana* gerida com nutrientes sob condições de precipitação intensa"** foi realizado de maio de 2013 a fevereiro de 2014 na aldeia de Dhapara, Bloco de Barghat, Distrito de Seoni, MP. O estudo foi efectuado em 48 árvores *de Z. mauritiana* bem podadas e com mais de cinco anos de idade no campo do agricultor. As inoculações Broodlac até à colheita foram efectuadas atempadamente durante o estudo. Os resultados do presente estudo são discutidos a seguir.

4.1 Aplicação de nutrientes

T aplicação de nutrientes foi feita em *Z. mauritiana* de 19th junho a 20th junho 2013. O Nitrogénio, Fósforo e Potássio foram aplicados através da aplicação basal de Ureia, SSP e MoP, respetivamente (Tabela 6). Os nutrientes nos diferentes tratamentos foram em T_1 -N (Ureia 220g), T_2 - N (Ureia 220g) e P (SSP 1560g),T3 - N (Ureia 220g), P (SSP 1560g) e K (MoP 125g) e T4 - Controlo i.e. não utilização de fertilizantes (prática dos produtores Lac).

4.2 Inoculação de Broodlac

A inoculação de *kusmi* broodlac (BLI) foi efectuada de 16th de julho a 17th de julho de 2013 (Quadro 6) em árvores *de Z. mauritiana*. A média de BLI por planta variou de 400g a 500g por planta, dependendo do tamanho das árvores hospedeiras. Não houve diferença significativa entre os diferentes tratamentos.

4.3 Deslocação

O deslocamento foi feito sete dias após a BLI, ou seja, 23rd julho de 2013, para garantir a distribuição uniforme da ninhada em todos os ramos *de Z. mauritiana*, onde não havia assentamento de larvas ou este era insuficiente.

4.4 Remoção *do Phunki*

O phunki foi removido 21 dias após o BLI, ou seja, de 6th agosto a 7th agosto de 2013. O peso médio do *phunki* lac foi de 242.08g, 261.08g, 271.25g e 232.50g respetivamente no caso de T_1 , T_2 , T_3 e T_4 (Tabela-7). Não houve diferença significativa no peso médio *da* fúncula entre os quatro tratamentos.

4.5 Laca de sucata da *Phunki*

O phunki foi raspado para se obter a laca em bruto. O peso médio (g) da laca bruta obtida após a raspagem da fúncula foi de 142,91 g, 151,25 g, 164,58 g e 140,83 g, respetivamente, entre T_1 , T_2 , T_3 e T_4 . Não houve diferença significativa entre a laca bruta da fúncula e a laca bruta da fúncula (quadro 8)

Quadro 6. Aplicação basal de fertilizantes por árvore *de Z. mauritiana*

T_1	Application of Nitrogen (Urea 220g)
T_2	Application of Nitrogen (Urea 220g) + Phosphorus (SSP 1560g)
T_3	Application of Nitrogen(Urea 220g) + Phosphorous (SSP 1560g) + Potassium (MoP 125g)
T_4	Control i.e. no use of fertilizers (Lac growers practice)

Tabela 7. Inoculação média de crias (g) por planta

Replications	**Mean brood inoculation (g) per plant**			
	Treatments			
	T_1	**T_2**	**T_3**	**T_4**
R_1	400	400	500	450
R_2	400	450	400	400
R_3	450	500	400	400
R_4	400	400	400	400
R_5	450	450	450	450
R_6	400	400	450	400
Mean	**416.66**	**433.33**	**433.33**	**416.67**
SEm±13.26 CD at 5% NS				

Tabela 8. Peso médio *da* fúngica (g) por planta

Replications	Mean weight of *phunki* (g) per plant			
	Treatments			
	T_1	T_2	T_3	T_4
R_1	245.0	277.5	285.0	205.0
R_2	252.5	275.0	247.5	215.0
R_3	235.0	302.5	237.5	235.0
R_4	242.5	247.5	252.5	237.5
R_5	232.5	231.5	350.0	247.5
R_6	245.0	232.5	255.o	255.0
Mean	**242.08**	**261.08**	**271.25**	**232.5**
SEm±12.36	CD at 5% NS			

Quadro-9 Peso médio de raspas de laca de *phunki* (g) por planta

Replications	Mean weight of scrap lac from *phunki (g)* per plant			
	Treatments			
	T_1	T_2	T_3	T_4
R_1	152.5	167.5	172.5	122.5
R_2	147.5	167.5	152.5	125.0
R_3	140.0	170.0	140.0	147.5
R_4	137.5	150.0	145.0	137.5
R_5	137.5	130.0	215.0	150.0
R_6	142.5	122.5	162.5	162.5
Mean	**142.91**	**151.25**	**164.58**	**140.83**
SEm ± 8.62	CD at 5% NS			

4.6 Densidade populacional de *Kusmi* lac

A contagem média de colonização larvar do inseto *Kusmi* lac foi observada por 2.5 cm2 dos ramos suculentos após a BLI até a colheita, ou seja, aos 30, 45, 60, 70, 90, 110, 151,172 dias da BLI (Tabela -9).

Impacto da precipitação

A inoculação do Broodlac foi efectuada de 16th julho a 17th julho 2013. Os rastejantes (larvas de *K. lacca)* rastejam dos feixes de Broodlac para os ramos das suculentas durante os 20 dias seguintes. Ocorreram chuvas fortes imediatamente após a BLI. A precipitação foi de 46, 48, 16, 17, 16, 10 e 25 mm de 18th de julho a 24th de julho de 2013. Houve 27 dias de chuva entre 15th julho e 15th agosto de 2013, e a precipitação total durante o período foi de 506 mm. A chuva contínua lavou os rastejantes em movimento. Observou-se que as plantas que tinham menos folhas e poucos ramos foram mais afectadas.

30 dias após a BLI

O número médio de insectos por 2,5 cm2 variou de 79,32 a 90,02 nos quatro tratamentos T_1, T_2, T_3 e T_4. O número médio de insectos por 2,5 cm2 foi mais elevado em Ti (90,02), seguido de T_2 (87,63), T3 (86,07) e T4 (79,93). O número de insectos colonizados em relação à testemunha foi superior no T_1 (13,48%), seguido do T2 (10,47%) e do T3 (8,50%).

45 dias após a BLI

Após a secreção de resina no seu corpo, os insectos lacticidas transformam-se em células individuais. A contagem média de células de laca por 2,5 cm2 aos 45 dias após a BLI variou de 51,35 a 64,08 em diferentes tratamentos. A contagem média de células de laca foi mais alta em T_1 (64,08), seguida por T_2 (59,51), T_3 (54,02) e T_4 (51,35). Houve uma diferença significativa entre os quatro tratamentos. O número de células vivas foi maior do que o controlo em T_1 (24,79%), seguido por T_2 (15,89%) e T_3 (5,19%).

60 dias após a BLI

A contagem média de células vivas por 2,5 cm2 aos 60 dias após a BLI variou de 40,01 a 47,6 nos diferentes tratamentos. A média de células vivas foi mais alta em T1 (47,6), seguida por T2 (43,81), T3 (42,28) e T4 (40,01). Houve uma diferença significativa entre a contagem média de células vivas de lacas nos quatro tratamentos. A contagem de células vivas de lacticínios em relação ao controlo foi mais elevada em T1 (18,97%), seguido de T2 (14,49%) e T3 (5,67%).

90 dias após a BLI

O macho emergiu entre 65-75 dias após a BLI. Foram observados machos alados, que tinham vida curta. Após a emergência dos machos, as restantes células de laca vivas eram de insectos fêmeas. A contagem média de células de lagarta fêmea por 2,5 cm2 aos 90 dias após a BLI variou de 22,88 a 27,88 em diferentes tratamentos. A contagem de células de lagarta fêmea foi mais alta em T_1 (27,88) seguido por T_2 (24,76), T_3 (24,53) e T_4 (22,88). Houve uma diferença significativa na contagem de células de laca femininas vivas entre todos os tratamentos. Como é a fêmea que produz a laca, o seu número determina a produtividade da laca. O maior número de células vivas de laca feminina em relação à testemunha foi no T_1 (21,85%), seguido do T_2 (8,21%) e do T3 (7,21%).

110 dias após a BLI

A contagem média de células vivas femininas por 2,5 cm^2 aos 110 dias após a BLI variou de 17,8 a 23,71 em diferentes tratamentos. Foi maior no T_3 (23,71) e menor no caso do T4 (17,8). Houve uma diferença significativa no número médio de células vivas entre os tratamentos. O número de células de laca vivas em relação ao controlo foi mais elevado em T3 (33,20%), seguido de T_1 (29,38%) e T_2 (22,47%).

130 dias após a BLI

A contagem média de células vivas por 2,5 cm2 aos 130 dias após a BLI variou de 16,50 a 20,33 nos diferentes tratamentos. Foi maior em T_1 (20,33) seguido por T_2 (20,23), T_3 (20,08) e T_4 (16,50). Houve uma diferença significativa no número médio de células vivas de lacas entre os tratamentos. Foi mais elevado do que o controlo em T_1 (23,21%), seguido de T_2 (22,60%) e T_3 (21,69%).

150 dias após a BLI

A contagem média de células de laca vivas femininas por 2,5 cm2 aos 150 dias após a BLI variou de 16,16 a 19,05 em diferentes tratamentos. A contagem de células vivas de laca foi maior em T_1 (19,05) seguido por T_2 (18,87), T3 (18,92) e T4 (16,16). Houve uma diferença significativa no número de células vivas entre os tratamentos. Foi maior do que o controlo em T_1 (17,88%) seguido por T_3 (16,77%) e T_2 (16,76%).

172 dias após a BLI (aquando da colheita)

A cultura *Aghani* de *Kusmi* lac amadureceu no mês 1st semana de janeiro de 2014. A colheita foi efectuada de 8th janeiro a 9th janeiro de 2014, ou seja, 172 dias após a BLI. A contagem média de células de lac na colheita/maturidade variou de 15,57 a 18,43 por

2.5 cm^2. A contagem de células vivas de lacticínios foi mais elevada em T_1 (18,43) seguido de T_2 (18,03), T_3 (17,41) e T_4 (15,57). Houve uma diferença significativa na contagem média de células vivas entre os diferentes tratamentos. Foi maior em T_1 (18,36%) seguido por T_2 (15,79%) e T_3 (11,81%) células de laca sobre o controlo. Assim, a aplicação de fertilizante na sua árvore hospedeira *Kusmi* lac apresentou um maior número de células lacrimais na colheita, em comparação com o controlo.

4.7 Perda de transmissão de insectos-laca

Perda de transmissão (TL) definida como a perda do número de insectos lac por 2.5 cm2 da BLI até a colheita. Houve uma perda significativa de insetos da BLI até a colheita entre os diferentes tratamentos (Tabela 10), conforme observado a partir de 30 dias após a BLI até a colheita. A perda foi de 28,81, 47,04, 69,03, 71,42, 77,42, 78,84 e 79,53 por cento aos 30, 45, 60, 90, 110, 130,150 e 172 dias no caso do T_1. No caso do T_2, a perda foi de 32,08, 47,72, 71,75, 75,13, 76,92, 78,46 e 79,42 por cento aos 30, 45, 60, 90, 110, 130, 150 e 172 dias, respetivamente. No caso do T_3, a TL foi de 37,24, 50,88, 71,50, 72,46, 76,67, 78,02 e 79,78 por cento aos 30, 45, 60, 90, 110, 130, 150 e 170 dias, respetivamente. No caso do T_4, a TL foi de 35,27, 49,56, 71,15, 77,56, 79,20, 79,32 e 80,37 por cento aos 30, 45, 60, 90, 110, 130, 150 e 172 dias, respetivamente. A maior TL foi no caso de T4 (80,37%) seguido por T_3 (79,78%), T_1 (79,53%) e T_2 (79,42%). Assim, a percentagem de sobrevivência do inseto da laceira desde o BLI até à colheita foi mais elevada no T_2 (20,58%), seguido do T_1 (20,47%), T_3 (20,22%) e T4 (19,63).

4.8 Sticklac

Os ramos da árvore hospedeira da laca com incrustações de laca de insectos maduros da laca quando prontos para a colheita são chamados sticklac. O número médio de sticklac foi mais alto (18) em T_2 e T_3 (18) seguido por T_1 (17.08) e T_4 (13.16). Houve uma diferença significativa no número de sticklac nos diferentes tratamentos.

Quadro 10. Perda de transmissão do inseto lacticida.

Rep	Transmission loss of number of lac insects from BLI to harvest (Lac insect per 2.5 sq. cm succulent branch)															
	30 days after BLI				45 days after BLI				60 days after BLI				90 days after BLI			
	T_1	T_2	T_3	T_4	T_1	T_2	T_3	T_4	T_1	T_2	T_3	T_4	T_1	T_2	T_3	T_4
R_1	88.57	82.93	92.93	75.37	61.4	54.97	64.53	55.13	44.3	42.2	49.77	41.57	27.4	23.1	28.63	24.07
R_2	91.83	89.37	81.97	78.87	67.5	60.43	48.03	50.43	46.5	45.13	38.56	40.5	27.26	24.93	22.13	22.8
R_3	91.77	90.97	83.03	78.93	67.73	62.56	54.06	49.66	48.8	47.3	41.13	39.56	28.56	23.26	22.8	22.1
R_4	89.73	83.93	84.23	78.83	62.13	57.56	45.55	49	47.66	46.06	36.93	37	26.7	26.03	19.73	21.66
R_5	84.43	94.7	92.43	83.9	58.83	67.13	58.8	51.5	47.23	51.06	45.5	40.03	28.2	25.76	28.06	24.06
R_6	93.77	83.9	81.83	80.03	66.9	54.43	53.03	52.36	51.56	43.13	41.8	41.43	29.16	25.46	25.86	22.63
Mean	90.02	87.63	86.07	79.32	64.08	59.51	54.02	51.35	47.6	45.81	42.28	40.01	27.88	24.76	24.53	22.88
SE(m)	1.779				2.01				1.34				0.76			
C.D. at 5%	5.36				6.13				4.08				2.32			
	Survival of lac insect (%)				71.19	67.92	62.76	64.73	52.96	52.28	49.12	50.44	30.97	28.25	28.5	28.85
	Transmission loss (%)				28.81	32.08	37.24	35.27	47.04	47.72	50.88	49.56	69.03	71.75	71.5	71.15

.........Continuar Quadro 10.

Rep																
	110 days after BLI				130 days after BLI				150 days after BLI				172 days after BLI (at harvest)			
	T_1	T_2	T_3	T_4	T_1	T_2	T_3	T_4	T_1	T_2	T_3	T_4	T_1	T_2	T_3	T_4
R_1	25	20.37	25.07	19.33	22.4	18.83	22.93	17.77	21.2	17.37	20.93	16.87	20.03	16.93	19.53	16.2
R_2	24.03	23.03	19.7	18.66	20.2	20.43	17.67	17.56	18.86	19.06	21.56	17.23	17.96	18.26	15.8	16.6
R_3	25.73	24.43	20.26	18.33	18.8	21.8	18.56	16.23	17.53	20.33	16.96	16.1	17.53	19.1	16.8	15.5
R_4	21.6	18.8	23.83	15.63	20.53	20.26	19.16	15.8	19.7	19.1	17.86	15.63	19.2	18.13	17.23	15.03
R_5	17.1	23.26	31.2	18.23	20.4	21.26	21.43	15.77	19.9	19.36	17.56	15.36	18.73	18.46	17.2	14.8
R_6	24.73	20.9	22.2	16.6	19.66	18.8	20.76	15.87	17.13	18.03	18.63	15.8	17.13	17.33	17.9	15.3
Mean	23.03	21.8	23.71	17.8	20.33	20.23	20.08	16.5	19.05	18.87	18.92	16.16	18.43	18.03	17.41	15.57
SE(m)	1.3				0.56				0.55				0.41			
C.D. at 5%	3.97				1.73				1.67				1.26			
Survival of lac insect (%)	25.58	24.87	27.54	22.44	22.58	23.08	23.33	20.8	21.16	21.54	21.98	20.38	20.47	20.58	20.22	19.63
Transmission loss (%)	71.42	75.13	72.46	77.56	77.42	76.92	76.67	79.2	78.84	78.46	78.02	79.62	79.53	79.42	79.78	80.37

4.9 Peso do sticklac

O peso médio de sticklac por 30 cm variou de 16,88g a 92,03g (Tabela-11). O peso médio (g) do sticklac por 30 cm foi maior no T_3 (47,34g) seguido pelo T_1 (41,59g), T_2 (35,73g) e T_4 (32,50g). Não houve diferença significativa no peso médio do sticklac entre os diferentes tratamentos.

Tabela 11. Número médio de Sticklac por planta aquando da colheita

Replications	Mean number of Sticklac per plant			
	Treatments			
	T_1	T_2	T_3	T_4
R_1	20.0	15.5	20.0	16.0
R_2	18.0	16.5	16.0	12.5
R_3	15.5	20.5	17.0	12.0
R_4	13.0	16.0	18.0	13.0
R_5	20.0	19.5	23.0	12.5
R_6	16.0	20.0	14.0	13.0
Mean	**17.08**	**18.00**	**18.00**	**13.16**
SEm± 0.95	CD at 5% 2.88			

CAPÍTULO - 5

DISCUSSÃO

Os resultados do presente trabalho de investigação **sobre o desempenho da cultura *Aghani* de *kusmi* lac em *Zizyphus mauritiana* gerida com nutrientes sob condições de precipitação intensa** são discutidos a seguir.

5.1 Aplicação de nutrientes

As aplicações basais de nutrientes foram efectuadas em *Z. mauritiana* de 19th junho a 20th junho 2013. O Nitrogénio, Fósforo e Potássio foram aplicados através da aplicação basal de Ureia, SSP e MoP respetivamente. Os nutrientes nos diferentes tratamentos foram em T_1 -N (Ureia 220g), T_2 - N (Ureia 220g) e P (SSP 1560g),T3 - N (Ureia 220g), P (SSP 1560g) e K (MoP 125g) e T4 - Controlo i.e. sem uso de fertilizantes (prática dos produtores Lac).

É amplamente reconhecido que os nutrientes desempenham um papel importante no crescimento da planta (Oskarsson et al. 2006; Dianda et al. 2009), e registaram uma resposta positiva da fertilização NPK para o crescimento da cultura do trigo (Berg e Hamid, 1976). O azoto é o elemento mais crítico para o crescimento das plantas, o rendimento e a qualidade dos produtos nas culturas (Nori et al., 2012). Compreende sete por cento da matéria seca total das plantas e é um constituinte de muitos componentes celulares fundamentais, tais como ácidos nucleicos, aminoácidos, enzimas e pigmentos fotossintéticos (Bungard et al., 1999).

Fósforo - O segundo macronutriente mais importante, a seguir ao azoto, é necessário para o crescimento das plantas (Ragothama, 1999). Tem um papel importante na fotossíntese, respiração, produção de energia, biossíntese de ácidos nucleicos e como componente integral de várias estruturas vegetais, como os fosfolípidos (Vance et al., 2003). O potássio é um elemento essencial para o crescimento das plantas e participa em vários processos fisiológicos (Yoshida, 1981).

Os estudos acima referidos confirmam que a gestão dos nutrientes nas plantas é muito importante para o seu crescimento e produção.

Os insectos que se alimentam do floema afectam negativamente o crescimento e o perfil de azoto aminado das suas plantas hospedeiras (Wellings e Dixon, 1987), enquanto uma má nutrição das plantas pode ter efeitos adversos no desempenho e na aptidão dos alimentadores de seiva (Cook e Denno, 1994). Os aminoácidos essenciais na seiva das plantas são essenciais para o crescimento e a reprodução dos afídeos (Embden, 1973). Numerosos estudos mostraram que a variação nas concentrações dietéticas de aminoácidos e sacarose afecta o crescimento, a sobrevivência e a reprodução dos afídeos (revisto em Klingauf, 1987).

Assim, os estudos anteriores confirmam que os nutrientes das plantas têm um impacto no crescimento e na reprodução dos alimentadores do floema.

Paul et al. (2012) relataram que 100g de N, 250g de P e 75g de K por planta de *Z. mauritiana* apresentaram maior rendimento de lac em *Z. mauritiana* com aplicação de fertilizantes e tratamento manual.

Lal et al (2003) relataram que os parâmetros de crescimento, rendimento e qualidade de *Z. mauritiana* melhoraram significativamente com a adição de azoto, enquanto a aplicação de fósforo influenciou todos os parâmetros significativamente, exceto a altura da planta, a propagação e a acidez do fruto. Eles aplicaram quatro níveis de N (0, 250, 500 e 750g por planta) em combinação com três níveis de P O_{25} (0, 250 e 500g por planta) e K2O (0, 50 e 100g por planta) em plantas com dez anos de idade.

Assim, no presente estudo, foram aplicadas doses basais de diferentes nutrientes para melhorar o crescimento de *Z. mauritiana* e aumentar a produção de lac.

5.2 Inoculação de Broodlac

As árvores *de Z. mauritiana* foram inoculadas com *Kusmi* brood lac de alta qualidade de 16th julho a 17th julho 2013. Dependendo do tamanho das árvores hospedeiras, o BLI médio por planta variou de 400g a 500g. Não há diferença significativa entre os tratamentos.

A disponibilidade atempada de crias de qualidade e livres de pragas é o mais importante para a cultura da lacticultura (Singh, 2010), especialmente em julho, na estação das chuvas (Kumar e Das., 2012).

Para a inoculação de uma árvore *de Kusum* média, foram necessários aproximadamente 4 kg de broodlac *de Kusmi*, 1,5 kg para a árvore de *Z. mauritiana* e 750g a 1,00 kg de broodlac para a árvore de *B. monosperma* (Srivastava 2011), enquanto Kumar e Das (2011) referiram que são necessários 20g-30g de broodlac por metro de ramo suculento. Dependendo do tipo e do tamanho da árvore hospedeira da laceira, a quantidade de broodlac difere.

A quantidade de broodlac utilizada em *Z. mauritiana* e *B. monosperma* variou de 500g a 700g por planta (Bhagirath, 2013, Janghel, 2013).

O presente trabalho de investigação está de acordo com os trabalhos de lactação anteriores no que diz respeito à necessidade de sacos de criação e à inoculação no presente estudo sobre a *Z. mauritiana* eram de tamanho médio, pelo que os sacos de criação utilizados variaram de 400g a 500g. Não houve diferença significativa na inoculação do broodlac, o que indica que, independentemente dos tratamentos, a inoculação do broodlac foi uniforme ao longo da experiência.

5.3 Deslocação

A mudança foi efectuada 7th dias após a BLI, ou seja, em 23rd de julho de 2013, para assegurar uma distribuição uniforme da criação em todos os ramos de *Z. mauritiana* onde não havia colonização de larvas ou esta era insuficiente

O processo de deslocação para uma utilização eficiente do broodlac foi realizado pela primeira vez por Khobragade (2012). Desde então, a deslocação tornou-se popular e a operação foi seguida por muitos trabalhadores (Kunal 2013, Janghel, 2013 e Bhagirath, 2013).

5.4 Remoção *do Phunki*

As varas de criação sem larvas de *K. lacca* são designadas *por phunki. A phunki* é removida após 21 dias de BLI (a partir de 6th de agosto de 2013) para obter lacas cruas e remover os predadores que nelas se alojam. O peso médio da *phunki* lac obtida 21 dias após a BLI foi de 242,08g, 261,08g, 271,25g e 232,50g, respetivamente, nos casos de T1, T2, T3 e T4. Não houve diferença significativa no peso médio *de* phunki entre os tratamentos.

O phunki é raspado para se obter o lacticínio em bruto. O peso médio (g) da laca bruta obtida após a raspagem da *fúncula* foi de 142,91g, 151,25g, 164,58g e 140,83g, respetivamente, entre T_1 , T_2 , T_3 e T_4 . Não houve diferença significativa entre a laca bruta obtida da *fúncula* nos diferentes tratamentos.

A remoção *do Phunki* após três semanas de BLI foi sugerida por Sharma e Jaiswal (2011). A remoção *do Phunki* é uma abordagem cultural e mecânica para a remoção de predadores e parasitas do sistema de produção de lacticínios. Esta sugestão foi seguida por trabalhos anteriores, nomeadamente Khobragade (2012), Janghel (2013) e Bhagirath (2013). A remoção de *Phunki* é uma operação de mão de obra intensiva, mas a laceira raspada proporciona-lhes um rendimento em dinheiro após 30 de BLI.

A diferença não significativa da laca bruta obtida de *phunki* entre os diferentes tratamentos indica que a laca utilizada era de alta qualidade. Kunal (2013) também não encontrou diferenças significativas no peso da *phunki* no mesmo hospedeiro. Mas a diferença significativa comunicada por Bhagirath (2013) deveu-se ao impacto do tratamento inseticida e à laca bruta obtida de *Kusmi* lac e *Rangeeni* lac.

5.5 Impacto da precipitação

A inoculação do Broodlac foi efectuada nos dias 16th julho e 17th julho de 2013. As lagartas (larvas de *K. lacca)* rastejam dos feixes de Broodlac para os ramos suculentos durante os 20 dias seguintes. A precipitação foi de 46, 48, 16, 17, 16, 10 e 25 mm de 18th julho a 24th julho de 2013, respetivamente. Houve 27 dias de chuva entre 15th julho e 15th agosto de 2013, e a precipitação total durante o período foi de 506 mm. A chuva contínua lavou os rastejantes em movimento. Observou-se que as plantas que tinham menos folhas e poucos ramos foram mais afectadas.

A cultura da laca é vulnerável tanto ao stress abiótico como ao stress biótico (Sharma et al., 1997; Bhagat e Mishra, 2002; Jaiswal et al., 2008)

A sobrevivência de um inseto depende de muitos factores, como os abióticos (precipitação, temperatura, vento e correntes de ar) e os bióticos (alimento, predadores e parasitas), como a supressão da população de afídeos durante o período de precipitação elevada, como relatado por Patel et al. (1997). O declínio da população de insectos sugadores em julho e o seu aumento a partir de janeiro e até março foi registado por Senapati e Mohanty (1980).

Bhagirath (2013) relatou que, após o seu estudo sobre a cultura *Aghani* de *Kusmi* lac no hospedeiro da árvore *Z. mauritiana*, relatou que a colonização larvar média de larvas de lac por 2,5 cm2 variou de 62,00 a 111,20 em diferentes tratamentos, enquanto na cultura *Baisakhi* de *Rangeeni* lac variou de 61,40 a 102,60 nos diferentes tratamentos, mas não há diferença significativa entre os tratamentos.

A colonização larvar comparativamente melhor registada por Bhagirath (2013) pode dever-se às culturas *Aghani (Kusmi)* e *Baisakhi*, quando não houve precipitação durante o BLI.

Kunal (2013) relatou que a colonização larvar média por 2,5 cm2 na cultura *Baisakhi* de *Rangeeni* lac em *Z. mauritiana* variou de 86,47 a 104,13, mas de acordo com Janghel (2013) na cultura *Katki* em *B. monosperma* variou de 73,53 a 97,13 em diferentes tratamentos. Tahir (2014 na sua comunicação pessoal) informou que o assentamento médio de larvas por 2,5 cm2 na cultura *Jethwi* de *Kusmi* lac em *Z. mauritiana* sob condições de gestão de nutrientes variou de 92,14 a 105,20, o que se deveu à ausência de precipitação em janeiro de 2014.

5.6 Densidade populacional de *Kusmi* lac

A contagem média de colonização larvar do inseto *Kusmi* lac foi observada por 2,5 cm2 dos ramos suculentos após a BLI até à colheita, ou seja, aos 30, 45, 60, 70, 90, 110 e 172 dias da BLI (na colheita).

30 dias após a BLI

O número médio de insectos por 2,5 cm2 variou de 79,32 a 90,02 nos quatro tratamentos T_1 , T_2 , T_3 e T_4 . O número médio de insectos por 2,5 cm2 foi mais elevado em T_1 (90,02) seguido de T_2 (87,63), T_3 (86,07) e T_4 (79,93). O número de insectos colonizados em relação à testemunha foi superior no T1 (13,48%), seguido do T2 (10,47%) e do T3 (8,50%).

Na *Z. mauritiana* tratada com azoto, houve mais 13,48% de colonização de larvas de lacticínios do que no controlo, o que é uma indicação de que o azoto influencia a colonização de larvas de lacticínios.

A aplicação de fertilizantes, especialmente de fertilizantes azotados, resulta numa grande resistência dos insectos herbívoros (Bi et al., 2001; Ge et al., 2003). A qualidade nutricional das plantas e as defesas das plantas que actuam diretamente sobre os herbívoros são alteradas pela fertilização com N, e os insectos herbívoros podem distinguir entre plantas que recebem diferentes aplicações de N (Prudic et al., 2005 e Chen et al., 2008). Baixos teores de nitrogênio nas plantas aumentam a resistência das plantas contra pragas, mas altos teores de nitrogênio causam crescimento vigoroso, com consequente diminuição da resistência contra pragas (Bhinde, 1993; Huber e Thompson, 2007).

O aumento da aplicação de fertilizantes azotados está positivamente correlacionado com a população de adultos e ninfas de *B. argentifolia* (Bi et al., 2001). Assim, existe a possibilidade de alterar a preferência dos insectos por requisitos nutricionais óptimos das plantas através da alteração do nível de fertilizante de um solo (Hendrix et al., 1990; Phelan et al., 1996).

Assim, a maior colonização larvar de insectos lacustres em *Z. mauritiana* com tratamentos de azoto está de acordo com resultados anteriores.

A segunda maior colonização larvar de insectos lacustres ocorreu em *Z. mauritiana* tratada com fósforo. Skinner e Cohen, (1994) relataram que níveis mais elevados de fósforo estão associados a níveis mais elevados de insectos. Num outro estudo, Jansson e Ekbom (2002) verificaram que, à medida que os níveis de fertilizante P aumentavam, o tempo de desenvolvimento do afídeo *(Macrosiphum euphorbiae)* diminuía, e o tempo de vida dos adultos e o número de descendentes aumentavam.

No presente estudo, a colonização larvar do inseto lacrimogéneo foi comparativamente menor nas plantas de *Z. mauritiana* tratadas com NPK.

O potássio (K) tem sido considerado um componente-chave da nutrição das plantas que influencia significativamente o crescimento das culturas e a infestação de algumas pragas. O fertilizante potássico está negativamente associado à ocorrência de *Aphis glycines* (Myers e Gratton, 2006), cigarrinhas e ácaros (Parihar e Upadhyay, 2001). O aumento dos níveis de K na folhagem pode reduzir a pressão dos insectos (Facknath e Lalljee, 2005; Walter e DiFonzo, 2007). Estas conclusões estão de acordo com uma compilação de estudos do Instituto Internacional da Potassa (citado em Amtmann et al., 2008).

Amtmann et al. (2008) apresentam um mecanismo potencial para explicar a relação entre a deficiência de K e o aumento do ataque de insectos. A deficiência de K resulta na redução da síntese de proteínas, amido e celulose, e no aumento da acumulação de compostos de menor peso molecular, como aminoácidos, nitratos, açúcares solúveis e ácidos orgânicos. Estes compostos de menor peso molecular são mais facilmente utilizados como fontes de nutrientes pelos insectos sugadores. Assim, por outras palavras, a deficiência de K por si só pode não estar correlacionada com um maior ataque de insectos, mas o impacto subsequente da deficiência de K nas plantas, torna as plantas mais facilmente atacadas por insectos sugadores. Isso é melhor explicado por Walter e DiFonzo (2007), que relataram que a baixa fertilidade de K estava associada a altos níveis foliares do aminoácido serina e a maiores infestações de pulgões. No entanto, no presente estudo, a diferença significativa na colonização deve-se ao impacto da gestão dos nutrientes.

Assim, os presentes resultados estão de acordo com os dos trabalhadores anteriores.

45 dias após a BLI

Após a secreção de resina no seu corpo, os insectos lacticidas transformam-se em células individuais. A contagem média de células de laca por 2,5 cm2 aos 45 dias após a BLI variou de 51,35 a 64,08 em diferentes tratamentos. A contagem média de células de laca foi mais alta em T_1 (64,08), seguida por T_2 (59,51), T_3 (54,02) e T_4 (51,35). Houve uma diferença significativa entre os quatro tratamentos. O número de células vivas foi maior do que o controlo em T_1 (24,79%), seguido de T_2 (15,89%) e T_3 (5,19%).

Bhagirath (2013) referiu que a cultura *Aghani* dos insectos *Kusmi* lac, após a secreção de resina sobre o seu corpo, se transforma em células individuais lac. A contagem média de células de laca por 2,5 cm2 aos 45 dias após a BLI variou de 60,00 a 95,80 em diferentes tratamentos. Não houve diferença significativa entre os tratamentos.

Janghel (2013) relatou que a cultura *Katki* de *Rangeeni* lac na árvore *B. monosperna*, a contagem média de células lac por 2,5 cm2 aos 45 dias após BLI variou de 33,00 a 67,33 em diferentes tratamentos. Mas não houve diferença significativa entre os tratamentos. Kunal (2013) relatou que a cultura de *Baisakhi* de *Rangeeni* lac na árvore *Z. mauritiana.* A contagem média de células de lac por 2,5 cm2 aos 45 dias após a BLI variou de 73,80 a 96. Mas houve uma diferença significativa entre a contagem média de células de lac entre os tratamentos devido à aplicação do pesticida.

Em estudos anteriores, não houve diferença significativa na contagem média de células aos 45 dias de BLI. A diferença significativa no número médio de células em diferentes tratamentos indica o impacto da gestão de nutrientes de Z. *mauritiana.*

O número de insectos da laca foi menor em comparação com o relatado por Bhagirath (2013) porque a primeira aplicação de pesticidas não foi feita após 30 dias de BLI, devido à continuação das chuvas. A infestação de *E. amabilis* causa danos graves aos insectos da laca.

60 dias após a BLI

A contagem média de células vivas por 2,5 cm2 aos 60 dias após a BLI variou de 40,01 a 47,6 nos diferentes tratamentos. A média de células vivas foi mais alta em T1 (47,6), seguida por T2 (43,81), T3 (42,28) e T4 (40,01). Houve uma diferença significativa entre a contagem média de células vivas de lacas nos quatro tratamentos. O número de células vivas de lacticínios em relação ao controlo foi mais elevado no T_1 (18,97%), seguido do T_2 (14,49%) e do T3 (5,67%).

Bhagirath (2013) relatou que a contagem média de células *Kusmi* lac por 2,5 cm2 aos 60 dias após a BLI variou de 53,20 a 86,60 em diferentes tratamentos. Houve uma diferença significativa entre os tratamentos na contagem média de células de laca.

A contagem média de células lacunares fêmeas *Rangeeni* por 2,5 cm2 aos 60 dias após a BLI variou de 23,20 a 29,40 em diferentes tratamentos e não houve diferença significativa entre os tratamentos. Janghel (2013) relatou que a densidade populacional média aos 60 dias após a BLI variou de 28,13 a 40,53. Não houve diferença significativa entre os tratamentos. A densidade de insectos vivos da laca *Kusmi* foi menor em comparação com o trabalho de Bhagirath (2013), porque a infestação de *E. amabilis* reduziu a densidade global de células vivas da laca. A variação na contagem média de células de laca pode dever-se a diferentes tratamentos, estirpes e estações dos estudos anteriores. No presente trabalho, a disponibilidade de nutrientes no hospedeiro Z. *mauritiana* tem um efeito significativo na fixação das larvas de lagarta em comparação com o controlo.

90 dias depois

O macho emergiu entre 65-75 dias após a BLI. Foram observados machos alados, que tinham vida curta. Após a emergência dos machos, as restantes células de laca vivas eram as das fêmeas. A contagem média de células de lagarta fêmea por 2,5 cm2 aos 90 dias após a BLI variou de 22,88 a 27,88 em diferentes tratamentos. A contagem de células de lagarta fêmea foi mais alta em T_1 (27,88) seguido por T_2 (24,76), T_3 (24,53) e T_4 (22,88). Houve uma diferença significativa na contagem de células de laca femininas vivas entre todos os tratamentos. Como é a fêmea que produz a laca, o seu número determina a produtividade da laca. O maior número de células vivas de laca feminina em relação ao controlo foi no T_1 (21,85%), seguido do T_2 (8,21%) e do T_3 (7,21%).

Bhagirath (2013) referiu que, após a emergência dos machos, as restantes células de laca eram de insectos fêmeas. A contagem média de células fêmeas *de Kusmi* lac por 2,5 cm2 aos 90 dias após a BLI diminuiu e variou de 34,00 a 42,60 nos diferentes tratamentos. Houve uma diferença significativa entre os tratamentos.

A contagem média de células lacrimais femininas *Rangeeni* por 2,5 cm2 aos 90 dias após a BLI continuou a diminuir e variou de 23,60 a 27,20 nos diferentes tratamentos. Houve uma diferença significativa na contagem média de células de laca femininas nos diferentes tratamentos.

Janghel (2013) relatou que a densidade populacional média aos 90 dias após a BLI continuou a diminuir e variou de 19,87 a 30,00. Houve uma diferença significativa na densidade populacional do inseto da laca. Após a emergência dos machos, 45 a 55% na estirpe *Kusmi* e 35 a 55% na estirpe *Rangeeni*, a população de insectos da laca foi reduzida em comparação com a contagem de insectos após 60 dias de BLI em ambos os estudos.

Existem diferenças significativas entre todos os tratamentos após 90 dias de BLI. A diferença no presente estudo deveu-se à gestão dos nutrientes da *Z. mauritiana,* enquanto a relatada por Bhagirath (2013) se deveu à aplicação de pesticidas.

130 dias após a BLI

A contagem média de células vivas por 2,5 cm2 aos 130 dias após a BLI variou de 16,50 a 20,33 nos diferentes tratamentos. Foi maior em T_1 (20,33) seguido por T_2 (20,23), T_3 (20,08) e T_4 (16,50). Houve uma diferença significativa no número médio de células vivas de lacas entre os tratamentos. Foi mais elevado do que o controlo em T_1 (23,21%), seguido de T_2 (22,60%) e T_3 (21,69%).

Bhagirath (2013) relatou que a contagem de células femininas por 2,5 cm2 aos 130 dias após a BLI variou de 31,20 a 37,60 em diferentes tratamentos. Verificou-se uma diferença significativa entre os tratamentos devido à aplicação do pesticida.

No presente trabalho, a disponibilidade de nutrientes no hospedeiro Z. *mauritiana* influenciou significativamente mais células vivas do inseto lac em comparação com o controlo.

172 dias após a BLI (aquando da colheita)

A cultura *Aghani* de *Kusmi* lac amadureceu e foi colhida 172 dias após a BLI. A contagem média de células de laca na colheita/maturidade variou de 15,57 a 18,43 por 2,5 cm^2. A contagem de células vivas da laca foi maior no T_1 (18,43), seguido pelo T_2 (18,03), T_3 (17,41) e T_4 (15,57). Houve uma diferença significativa na contagem média de células vivas entre os diferentes tratamentos. Foi mais elevada em T1 (18,36%), seguida de T_2 (15,79%) e T_3 (11,81%) em relação ao controlo.

Bhagirath (2013) relatou que a cultura *Aghani* de *Kusmi* amadureceu e foi colhida 151 dias após a BLI, enquanto a cultura *Katki* em 110 dias. Em *Kusmi,* a contagem média de células de laca por 2,5 cm2 na colheita ou maturidade variou de 28,40 a 33,80, enquanto em *Rangeeni* variou de 19,00 a 24,60 em diferentes tratamentos. Houve uma diferença significativa na contagem média de células lacrimais femininas nos diferentes tratamentos devido à aplicação do pesticida.

Kunal (2013) relatou que a cultura *Baisakhi* amadureceu e foi colhida após 180 dias de BLI. A contagem média de células lac por 2,5 cm2 variou de 16,36 a 25,01. Verificou-se uma diferença significativa entre a contagem média de células lacustres e os tratamentos devido à aplicação de pesticidas.

Janghel (2013) relatou que a colheita de *Katki* lac foi efectuada 110 dias após a BLI. A densidade populacional média na colheita, ou seja, na maturidade, variou de 19,87 a 29,87. Houve uma diferença significativa na densidade populacional na colheita entre os tratamentos devido à aplicação de pesticidas.

No presente trabalho de investigação, verificou-se uma diferença significativa entre os tratamentos devido à aplicação de nutrientes.

5.7 Sobrevivência dos insectos lac

A densidade populacional de insectos por 2,5 cm2 aos 30 dias após a BLI foi de 90,02, 87,63, 86,07, e 79,32, que reduziu para 18,43, 18,03, 17,41 e 15,57 no caso de T1, T2, T3 e T4, respetivamente.

No presente estudo, apenas 19 a 22% dos insectos lac sobreviveram desde o BLI até à colheita, tendo-se verificado uma diferença significativa entre os tratamentos devido à aplicação de nutrientes

Bhagirath (2013) relatou que a sobrevivência do inseto da laceira desde o BLI até à colheita foi de 22 a 27 por cento na cultura *Aghani Kusmi* lac, enquanto variou de 27 a 32 por cento na cultura *Katki* em *B. monosperma* (Janghel 2013), a cultura *Baisakhi* em *Z. mauritiana* foi de 21 a 25 por cento (Kunal 2013).

Em todos os estudos supramencionados, a percentagem de sobrevivência do inseto lac variou entre 19 e 32%, independentemente da estação do ano, da estirpe e dos tratamentos, e no presente estudo foi de 19 a 22%.

5.8 Sticklac

O número médio de sticklac por planta variou de 12 a 23. O número médio de sticklac foi maior em 18 (T3) seguido de 18 (T2), 17.083 (T1) e 13.16 (T4). Houve uma diferença significativa no número de sticklac entre os diferentes tratamentos.

No presente trabalho de investigação, o número de sticklac na *Z. mauritiana* com gestão de nutrientes foi maior em comparação com o controlo. A disponibilidade de nutrientes pode causar um maior número de sticklac. A qualidade do alimento depende dos nutrientes disponíveis na planta hospedeira. Assim, a fixação de *K. lacca* depende de muitas razões para além da disponibilidade de rebentos suculentos. Uma maior densidade do inseto lacca significa uma maior competição pelo alimento.

5.9 Peso do sticklac

O peso médio de sticklac por 30 cm variou de 16,88 a 92,03. O peso médio (g) de sticklac por 30 cm foi maior 47,33 (T_3) seguido de 41,59 (T_1), 35,73 (T_2) e 32,50 (T_4). Não houve diferença significativa no peso médio de sticklac entre os diferentes tratamentos.

Bhagirath (2013) registou uma diferença significativa entre o peso médio de sticklac (g) por 30 cm devido aos tratamentos com pesticidas e à estirpe *Kusmi* e *Rangeeni*.

5.10 Peso fresco de 100 células lac

O peso fresco médio (g) de 100 células do inseto lacticida diferiu significativamente entre os tratamentos. O peso médio de 100 células maduras de lagarta variou de 5,24 a 8,91. O peso médio fresco de 100 células de lagarta foi maior (8,02) no caso do T_3 , seguido pelo T_1 (7,20 g), T_2 (6,89 g) e T_4 (6,14).

De acordo com Mishra et al. (1999), em *F. semialata*, o peso das células vivas e o peso das células *Phunki* (secas) variaram de 13,16 a 38,33 mg e de 8,00 a 19,00 mg, respetivamente, enquanto que em *F. macrophylla* variaram de 16,83 a 31,67 mg e de 9,33 a 18,83 mg. Assim, o rendimento varia de hospedeiro para hospedeiro.

Bhagirath (2013) relatou que o peso fresco médio (g) de 100 células maduras de lacas foi de 4,88g em *Kusmi* lac e 3,38g no caso de *Rangeeni* lac, enquanto no presente estudo variou de 6,14 a 8,02g em vários tratamentos.

Houve um aumento significativo do peso fresco de 100 células de *Kusmi* lac, que foi mais elevado do que o controlo em T_3 (30,61%) seguido de T_1 (17,26%) e T_2 (12,21%) devido à gestão de nutrientes em *Z. mauritiana.*

5.11 Peso seco da célula 100 lac

O peso seco médio (g) de 100 células do inseto lac diferiu significativamente entre os diferentes tratamentos. O peso de 100 células variou de 4,25 a 7,90. O peso seco médio de 100 células de laca foi maior em T_3 (7,08) seguido por T_i (6,30), T2 (6,01) e T4 (5,18).

Bhagirath (2013) referiu que o peso seco médio de 100 células era de 4,66 g no caso do

Kusmi lac e de 2,63 g no caso do *Rangeeni* lac.

No presente estudo, o peso de 100 células foi maior em comparação com o controlo, o aumento do peso seco médio de 100 células foi mais elevado, 36,63% em T_3 (NPK), seguido de 21,62 T_1 (N) e 16,02% em T_2 (NP).

Isto indica que houve um aumento do peso das células secas devido à gestão dos nutrientes. O peso médio de células secas de *Kusmi* lac cell relatado por Bhagirath (2013) variou de 3,40g a 4,66g, o que significa que não houve manejo de nutrientes.

5.12 Rendimento do leite cru

O rendimento médio (kg) por planta obtido após a colheita da cultura da lacticultura foi de 5,08, 4,54, 5,33 e 3,83 respetivamente entre os tratamentos T_1 , T_2 , T_3 , e T_4 . Houve uma diferença significativa no rendimento da lacticultura bruta entre todos os tratamentos. Verificou-se um aumento do rendimento médio de laca por *Z. mauritiana* em relação ao controlo. Foi maior do que o controlo em T_3 (39,16%) seguido por T_1 (32,63%) e T2 (18,53%).

De acordo com Ghosal, (2013) a aplicação de potássio pode provocar uma redução apreciável na percentagem de matéria seca dos rebentos inoculáveis. Quanto menor for a percentagem de matéria seca, mais o rebento será suculento. Por conseguinte, pode afirmar-se que os rebentos inoculáveis se tornam mais suculentos devido à aplicação de potássio, o que é suposto contribuir para uma maior produção de lac. Resultados semelhantes foram registados por (Abayomi, 1987) na cana de açúcar. De acordo com (Zengin et al., 2009), o aumento da suculência pode dever-se a um aumento da absorção de água na planta aplicada com potássio.

No presente estudo, o rendimento de lacticínios crus em *Z. mauritiana* com tratamento fertilizante aumentou significativamente em relação ao controlo. Este facto pode ser atribuído à gestão dos nutrientes da planta hospedeira.

Tabela 12. Peso médio do sticklac (g) por 30 cm aquando da colheita

Replications	Mean weight of sticklac (g) per 30 cm			
	Treatments			
	T_1	T_2	T_3	T_4
R_1	36.99	31.02	92.03	25.51
R_2	70.03	47.23	47.51	27.23
R_3	42.71	31.23	16.88	42.14
R_4	29.08	31.36	47.23	36.88
R_5	27.69	41.20	38.06	38.13
R_6	43.04	32.33	42.33	25.10
Mean	**41.59**	**35.73**	**47.33**	**32.50**
SEm± 6.62	CD at 5% NS			

4.10 Peso fresco médio de 100 células lac

A média do peso fresco (g) de 100 células do inseto lacticida diferiu significativamente entre os tratamentos. Ele variou de 5,27 a 8,91g (Tabela-12). A média do peso fresco de 100 células do inseto da laca foi maior no T_3 (8,02g) seguido pelo T1 (7,20g), T_2 (6,89g) e T_4 (6,14g). Houve uma diferença significativa entre o peso fresco médio (g) de 100 células lac em todos os tratamentos em relação ao controlo. Foi mais elevado do que o controlo em T_3 (30,61%) seguido de T_1 (17,26%) e T_2 (12,21%).

4.11 Peso seco médio de 100 células lac

A média do peso seco (g) de 100 células do inseto lacticida diferiu significativamente entre os tratamentos. O peso seco médio de 100 células variou de 4,25g a 7,84g (Tabela-13). O peso seco médio de 100 células da lagarta foi maior no T_3 (7,08g) seguido pelo T_1 (6,30g), T_2 (6,01g) e T_4 (5,18g). Foi maior que o controle no T3 (36,63%) seguido pelo T1 (21,62%) e T2 (16,02%).

Tabela 13. Peso fresco médio (g) de 100 células de insectos lacáceos

Replications	Mean fresh weight (g) of 100 lac cells			
	Treatments			
	T_1	T_2	T_3	T_4
R_1	8.03	5.92	8.91	5.47
R_2	8.03	6.02	8.16	6.22
R_3	8.07	6.59	8.39	5.74
R_4	7.26	7.64	6.69	6.17
R_5	6.53	8.52	8.43	7.33
R_6	5.27	6.69	7.56	5.90
Mean	**7.20**	**6.89**	**8.02**	**6.14**
SEm± 0.37	CD at 5% 1.13			

Tabela 14. Peso seco médio (g) de 100 células do inseto lac

Replications	Mean dry weight of 100 lac cells			
	Treatments			
	T_1	T_2	T_3	T_4
R_1	6.99	4.98	7.84	4.25
R_2	7.02	5.50	7.10	5.21
R_3	7.42	5.55	7.30	4.85
R_4	5.99	6.61	5.62	5.80
R_5	5.64	7.57	7.90	6.14
R_6	4.72	5.86	6.73	4.82
Mean	**6.30**	**6.01**	**7.08**	**5.18**
SEm± 0.36	CD at 5% 1.11			

4.12 Rendimento médio de lacticínios crus

O rendimento médio de laca crua (kg) por planta obtido após a colheita da cultura da laca foi de 5,08, 4,54, 5,33 e 3,83 respetivamente entre os tratamentos T_1 , T_2 , T_3 , e T4 (Tabela-14). Houve uma diferença significativa no rendimento médio da laca crua entre todos os tratamentos. A aplicação de fertilizante aumentou significativamente o rendimento médio de laca por planta em relação ao controlo. Foi maior do que o controlo em T3 (39,16%) seguido de T1 (32,63%) e T2 (18,53%).

Tabela 15. Rendimento médio de lacticínios crus (kg) por planta

Replications	Mean raw lac yield (kg) per plant			
	Treatments			
	T_1	T_2	T_3	T_4
R_1	4.25	3.75	6.00	2.75
R_2	5.25	4.50	4.50	4.50
R_3	6.00	5.00	5.50	3.50
R_4	5.25	4.50	4.00	4.00
R_5	4.75	4.50	7.00	4.25
R_6	5.00	5.00	5.00	4.00
Mean	**5.08**	**4.54**	**5.33**	**3.83**
	SEm± 0.300		CD 5% 0.906	

4.13 Custo de produção da cultura *Aghani* de *Kusmi* lac em Ber *(Z. mauritiana)*

O custo de produção da cultura de *Aghani* lac em *Z. mauritiana* foi mais alto no caso de T_3 (Rs 413.38) seguido por T_2 (Rs 395.57), T_1 (Rs393.01), e T_4 (Rs326.65). O rendimento médio por *Z. mauritiana* foi maior em T_3 (5.33kg) seguido por T_1 (5.08 kg), T_2 (4.54kg) e foi menor em T_4 (3.83kg).

Quadro 16. Custo de produção de Kusmi lac em Ber *(Z. mauitiana)*

Operations	Cost	T_1	T_2	T_3	T_4
A. Operational cost (Rs) per plant					
Pruning	Rs 120/24 trees	5.00	5.00	5.00	5.00
Labour @Rs280/18tree for Fertilizer application		40.00	40.00	40.00	0
Inoculation	Rs 120/24 trees	5.00	5.00	5.00	5.00
Phunki removal	Rs 120/48 trees	2.50	2.50	2.50	2.50
Scraping of *Phunki*	Rs 20/kg	2.84 (142.91 g)	3.02 (151.25g)	3.28 (164.58 g)	2.8 (140.83 g)
Labour @Rs 300/48 trees for Pesticide application		6.25	6.25	6.25	6.25
Harvesting	Rs 120/12 trees	10.00	10.00	10.00	10.00
Scraping raw lac	Rs 20/kg	101.60	90.80	106.60	76.60
Sub Total (a)		**173.19**	**162.57**	**178.63**	**108.15**
B. Input cost (Rs) per plant					
Brood	K- 500/kg	208.00	216.50	216.50	208.00
Spray of Pesticide					
CHC 50 SP @Rs 100/100 g		6.00	6.00	6.00	6.00
Dithane M-45 @Rs 30/100 g		4.50	4.50	4.50	4.50
Fertilizer Application					
Cost of Fertilizers		1.32	6.00	7.75	0
Sub Total (b)		**219.82**	**233.00**	**234.75**	**218.50**
C. Total (a+b)		**393.01**	**395.57**	**413.38**	**326.65**
D. Gross Return (Rs) per plant					
Mean yield	Kg	**5.08**	**4.54**	**5.33**	**3.83**
Value @	600/kg	3048.00	**2724.00**	**3198.00**	**2298.00**
Phunki yield	Kg	0.142	0.151	0.164	0.140
Phunki value@	500/kg	70.50	75.50	82.00	70.00
Total		**3118.50**	**2799.50**	**3280.00**	**2368.00**
E. (D - A+B) Net Return (Rs) per *Z. mauritiana* plant					
Gross Return(D)		**3118.50**	**2799.50**	**3280.00**	**2368.00**
Total cost (A)+(B)		**393.01**	**395.57**	**413.38**	**326.65**
Net Profit		**2725.49**	**2403.93**	**2866.62**	**2041.35**

Nota: No mês de fevereiro de 2014, a taxa de *Kusmi* raw lac era de Rs 600 por kg, *CHC = cloridrato de Cartap

4.14 Lucro líquido

O lucro líquido foi mais elevado no caso do T_3 (Rs 2866,62/árvore), seguido do T_1 (Rs2725,49/árvore) e do T_2 (Rs2403,93/árvore) e foi mais baixo (Rs2041,35/árvore) no caso do T_4 (Quadro 16).

O rácio custo-benefício foi mais elevado (1:6,83) em T_1 e T_3 seguido de T_4 (1:6,14) e foi mais baixo (1:5,98) no caso de T_2 (Tabela-17).

Quadro 17. Rácio custo-benefício

Treatments	Net profit	Cost	B:C Ratio
T_1	2725.49	393.01	1:6.93
T_2	2403.93	395.57	1:6.07
T_3	2866.62	413.38	1:6.93
T_4	2041.35	326.65	1:6.24

CAPÍTULO - 6

RESUMO, CONCLUSÕES E SUGESTÕES PARA TRABALHOS FUTUROS

6.1 Resumo

O presente trabalho de investigação intitulado **Estudo sobre o desempenho da cultura *Aghani* de *kusmi* lac em *Zizyphus mauritiana* gerida por nutrientes sob condições de precipitação intensa** na aldeia de Dhapara, bloco de Barghat, distrito de Seoni, Madhya Pradesh, foi realizado de maio de 2013 a fevereiro de 2014 no campo de produtores de lac com quatro tratamentos.

O Nitrogénio, Fósforo e Potássio foram aplicados através da aplicação basal de Ureia, SSP e MoP respetivamente. Os nutrientes nos diferentes tratamentos foram em T1-N (Ureia 220g), T_2 - N (Ureia 220g) e P (SSP 1560g), T_3 - N (Ureia 220g), P (SSP 1560g) e K (MoP 125g) e T_4 - Controlo i.e. sem uso de fertilizantes (prática dos produtores Lac).

6.1.1 Gestão dos nutrientes

A gestão dos nutrientes nas plantas é muito importante para o seu crescimento e produção e os nutrientes das plantas têm um impacto no crescimento e na reprodução dos alimentadores do floema. O azoto é o elemento mais importante para o crescimento das plantas, o rendimento e a qualidade dos produtos. O fósforo é o segundo macronutriente mais importante, a seguir ao azoto, necessário para o crescimento das plantas. O potássio é essencial para o crescimento e para vários processos fisiológicos.

A relação inseto-planta é afetada pela aplicação de micro ou macro nutrientes às plantas cultivadas. As plantas deficientes em nutrientes permanecem fracas e vulneráveis à incidência de doenças das plantas e ao ataque de pragas de insectos.

A seiva do floema é uma fonte alimentar extrema utilizada como dieta dominante ou única dos insectos da ordem Hemiptera. Os aminoácidos essenciais presentes na seiva das plantas são essenciais para o crescimento e a reprodução dos insectos sugadores. As plantas fornecem nutrientes aos insectos herbívoros. Qualquer aumento do teor de nutrientes da planta é suscetível de aumentar a sua aceitabilidade pelas populações de pragas.

O aumento da aplicação de fertilizantes azotados está positivamente associado ao aumento da população do inseto sugador. O azoto é um dos factores mais importantes no desenvolvimento das populações de herbívoros. A aplicação de fertilizantes azotados nas plantas pode normalmente aumentar a preferência alimentar dos herbívoros, o consumo de alimentos, a sobrevivência, o crescimento, a reprodução e a densidade populacional.

Os níveis mais elevados de fósforo estão associados a níveis mais elevados de insectos. O potássio tem sido considerado um componente chave da nutrição das plantas que influencia significativamente o crescimento das culturas e algumas infestações de pragas. O fertilizante potássico está negativamente associado aos insectos que se alimentam de seiva.

6.1.2 Densidade populacional de *K. lacca*

A inoculação média de lacca por planta *de Z. mauritiana* variou entre 400g e 500g. Como os galhos das árvores hospedeiras de lacca são cilíndricos e estreitos, é praticamente difícil marcar uma área de uma polegada quadrada e depois contar as larvas de *K. lacca*, que geralmente têm 0,5 mm de tamanho. No presente estudo, a área utilizada para a contagem de insectos da lacticultura foi de 2,5 cm2 . Esta área proporciona um espaço confortável para uma contagem exacta dos insectos lacticídeos. A média de colonização de larvas de lagarta por 2,5 cm2 desde 30 dias após a BLI até à colheita da cultura da lagarta mostrou uma diferença significativa entre os quatro tratamentos. O número médio de larvas de lacraia por 2,5 cm2 foi em T_1 (90,02), T_2 (87,63), T_3 (86,07) e T_4 (79,93) aos 30 dias após a BLI. Houve mais em comparação com a prática dos lacticultores (controlo T_4). Houve um aumento de 13,48% no número de larvas do inseto da lacticultura em *Z. mauritiana* tratada com azoto (T_1). Seguiram-se 10,47% em (T_2) e 8,50% em (T_3). Houve uma diferença significativa devido à aplicação de nutrientes. O azoto é um dos factores mais importantes no desenvolvimento das populações de herbívoros. A segunda maior colonização larvar de insectos lacustres foi em *Z. mauritiana* tratada com fósforo porque níveis mais elevados de fósforo estão associados a níveis mais elevados de insectos. O número de insectos lacídeos foi menor nas plantas tratadas com NPK, porque o fertilizante potássico está negativamente associado à ocorrência de insectos que se alimentam de seiva, mas o número de insectos lacídeos foi maior em comparação com o controlo (sem utilização de fertilizante). Diferença significativa na contagem média de células de lac na colheita, o que indica o impacto da gestão de nutrientes de Z. *mauritiana.* Depois de 172, a contagem média de células de laca na colheita ou maturidade, a contagem de células de laca vivas foi maior em T_1 (18,43) seguido por T_2 (18,03), T3 (17,41) e T4 (15,57). Houve um aumento significativo do número de células vivas de laca em relação ao controlo. Foi mais alto em T_1 (18,36%) seguido por T_2 (15,79%) e T3 (11,81%).

6.1.3 Sobrevivência dos insectos lac

A densidade média da população de insectos por 2,5 cm2 aos 30 dias após a BLI foi de 90,02, 87,63, 86,07 e 79,32, que diminuiu para 18,43, 18,03, 17,41 e 15,57 no caso de T_1 , T_2 , T_3 e T_4 respetivamente.

No presente estudo, apenas 19 a 22% dos insectos da laca sobreviveram na altura da colheita. Houve uma diferença significativa na percentagem de sobrevivência da lagarta na colheita devido à aplicação de nutrientes. Foi maior em T_1 e menor em T4.

6.1.4 Impacto da precipitação

A sobrevivência da lagarta depende de muitos factores, como os abióticos (precipitação, temperatura, vento e correntes de ar) e os bióticos (alimento, predadores e parasitas). Como a aplicação do pesticida foi efectuada de forma uniforme, a perda de insectos da laceira devido à incidência de predadores e parasitas foi minimizada.

Após a inoculação do broodlac, os rastejantes (larvas de *K. lacca)* rastejam dos feixes de broodlac para os ramos suculentos durante os 20 dias seguintes. Ocorreram chuvas fortes imediatamente após a BLI. A precipitação foi de 46, 48, 16, 17, 16, 10 e 25 mm desde a BLI até aos sete dias seguintes. Registaram-se 27 dias de chuva imediatamente após a BLI. A precipitação total durante este período foi de 506 mm. A chuva contínua lavou os rastejantes em movimento. Observou-se que as plantas que tinham menos folhas e poucos ramos foram mais afectadas.

6.1.5 Sticklac

O número médio de sticklacs foi maior (18) em ambos os T_2 e T3, seguido por T_1 (17,08) e T_4 (13,16). Houve uma diferença significativa no número de sticklacs entre os diferentes tratamentos. O número de galhos em *Z. mauritiana* com manejo de nutrientes foi maior em comparação com o controle. A disponibilidade de nutrientes pode resultar em mais ramos para o assentamento de larvas de laca após a BLI, o que pode resultar num maior número de sticklac. A qualidade do alimento depende dos nutrientes disponíveis na planta hospedeira. Assim, a fixação de *K. lacca* depende de muitas razões para além da disponibilidade de rebentos suculentos. Uma maior densidade do inseto lacca significa uma maior competição pelo alimento.

6.1.6 Peso fresco de 100 células lac

O peso fresco médio (g) de 100 células de laca diferiu significativamente entre os tratamentos. O peso fresco médio de 100 células da lagarta foi mais elevado (8,02) no caso do T_3 , seguido do T_1 (7,20 g), T_2 (6,89 g) e T_4 (6,14). Houve um aumento significativo do peso fresco de 100 células da laca *Kusmi*, que foi maior do que o controlo em T_3 (30,61%) seguido de T_1 (17,26%) e T_2 (12,21%) devido à gestão de nutrientes em *Z. mauritiana.*

6.1.7 Peso seco da célula 100 lac

O peso seco médio (g) de 100 células do inseto lac diferiu significativamente entre os diferentes tratamentos. O peso de 100 células variou de 4,25 a 7,90. O peso seco médio de 100 células de laca foi maior em T3 (7,08) seguido por T_1 (6,30), T_2 (6,01) e T_4 (5,18). No presente estudo, o peso de 100 células foi maior em comparação com o controlo, o aumento do peso seco médio de 100 células foi maior em 36.63 por cento em T_3 (NPK) seguido por 21,62 T_1 (N) e 16,02 por cento em T_2 (NP). Isto indica que houve um aumento no peso seco das células devido à gestão de nutrientes.

6.1.8 Rendimento do leite cru

O rendimento médio (kg) por planta obtido após a colheita da cultura da lacticultura foi de 5,08, 4,54, 5,33 e 3,83 respetivamente entre os tratamentos T_1 , T_2 , T_3 , e T_4 . Houve uma diferença significativa no rendimento da lacticultura bruta entre todos os tratamentos. Verificou-se um aumento do rendimento médio de laca por *Z. mauritiana* em relação ao controlo. Foi maior do que o controlo em T_3 (39,16%) seguido por T_1 (32,63%) e T_2 (18,53%).

É interessante notar que o assentamento das larvas 30 dias após a BLI e a porcentagem de sobrevivência do inseto da laca (células) foram maiores em *Z.mauritiana* tratada com N, mas o peso seco das células, bem como o rendimento bruto da laca, foi maior em *Z. mauritiana* tratada com NPK. Conclui-se que, embora o número de células tenha sido menor em *Z.mauritiana* com NPK, mas o peso de 100 células de laca foi maior, o que pode ser devido à maior secreção de resina pelo inseto da laca devido ao tratamento do seu hospedeiro com NPK

O rendimento de lacticínios crus em *Z. mauritiana* com tratamento de fertilizante aumentou significativamente em relação ao controlo. Este facto pode ser atribuído à gestão dos nutrientes da planta hospedeira.

6.2Conclusões

1. A gestão de nutrientes aumenta significativamente o rendimento de 18,53 a 39,16 por cento do leite cru em relação ao controlo.
2. A gestão dos nutrientes da planta hospedeira melhora a saúde da planta.
3. Os factores abióticos da precipitação afectam a colonização de insectos da lacticultura na cultura *Aghani* de *Kusmi* lac

6.3Sugestões para trabalhos futuros

1. Pode ser estudada a aplicação de aminoácidos nos hospedeiros *Z. mauritiana* e *Butea monosperma* para a produção de lac.
2. Pode ser estudada a gestão dos nutrientes do hospedeiro e o seu impacto na incidência de predadores e parasitas do inseto-laca.

BIBLIOGRAFIA

Abayoni Y. 1987. Crescimento, rendimento e desempenho da qualidade da colheita da cultivar de cana-de-açúcar Co 957 sob diferentes taxas de aplicação de fertilizantes de azoto e potássio. J. Agric.Sci.109: 285-292

Abro GH, Syed TS, Unar MA e Zhang MS. 2004. Efeito da aplicação de um regulador do crescimento das plantas e de micronutrientes na infestação de insectos e nos componentes do rendimento do algodão. J. Entomol., 1(1): 12-16..

Amtmann A, Troufflard S e Armengaud P. 2008. The effect of potassium nutrition on pest and disease resistance in plants. Physiol. Plant.,132: 682-691.

Amtmann AP, Armengaud e S Troufflard. 2008. O efeito da nutrição de potássio na resistência das plantas a pragas e doenças. Physiologia Plantarum 133 (4):682-691.

Bearg GS e Hamid A.1976. Efeito de diferentes níveis de N, P e K no rendimento em grama do trigo khushal 69: J. Agri: Res. 3:80-84

Becker D. 1973. Beitrage zur Kenntnis der biochemischen Leistung phanzlicher Assimilatlietbahnen Dissertação da Universidade Técnica de Munique.

Bhagat ML e Mishra YD. 2002. Factores abióticos que afectam a produtividade do lac. In: Recent advances in lac culture. Kumar KK, Ramani R e Sharma KK. (Eds.). ILRI, Namkum, Ranchi. pp. 64-68.

Bhagirath P. 2013. Desempenho comparativo de *Kusmi* e *Rangeeni* lac em *Ber, Zizyphus mauritiana* na aldeia de Kachana Barghat Block, distrito de Seoni, MP, Tese de Mestrado (Ag.) apresentada em JNKVV, *Jabalpur.*

Bhinde MR. 1993. Vermicomposto. Trabalho apresentado nos seminários de formação de curta duração, organizados por Prakruti no Centro Yusuf Meharally. Distrito de Tara, Raigud, 3 - 4 de julho.

Bi JL, Ballmer GR, Hendrix DL, Henneberry TJ, Toscano NC.2001. Efeito da fertilização com azoto do algodão na população de *Bemisia argentifolii* e na produção de melada. Entomol Exp Appl.99: 25-36.

Bungard RA, Wingler A, Morton JD e Andrews M.1999. O amónio pode estimular a redutase do nitrato e do nitrito na ausência de nitrato em Clematis vitalba . Plant Cell Env. 22: 859-866.

Cakmak, I. 2005. O papel do potássio na atenuação dos efeitos prejudiciais do stress abiótico nas plantas. J. Plant Nutr. Soil Sci., 168: 521-530.

Chamberlin JC. 1923. Monografia sistemática dos Tachardiidae ou insectos lacustres (Coccidae) Bull. Ent. Res. London 14(2): 147 -212.

Chen Y, Ruberson JR e Olson D. 2008. A taxa de fertilização com azoto afecta a alimentação, o desempenho das larvas e a preferência de oviposição da lagarta do cartucho da beterraba, *Spodoptera exigua,* no algodão. Entomol. Exp. Appl. 126: 244-255.

Cisneros JJ, Godfrey LD.2001. Estado da praga do pulgão do algodão no algodão da Califórnia a meio da estação: Será o azoto um fator-chave? Environ Entomol.30: 501-510.

Colton HS. 1984. A anatomia da fêmea do inseto lacustre americano *Tachardiella larea* Bull. Mus. Nth. Arizona Flagstaff, 21:1 -24.

Cook RA e Denno RF. 1994. Interações planta- cigarrinha/planta: Feeding behavior, plant nutrition, plant defence, and host plant specialization in Denno RF e Perfect TJ (eds.). Planthoppers: Their Ecology and Management. Chapman and Hall, Nova Iorque. pp. 114-139.

Cottam DA. 1985. Frequency dependent grazing by slugs and grasshoppers. J. Eco. 73: 925-933.

Coulibaly R. 1990.Effect of nitrogen fertilizer on the damage of *Eldana saccharina* Walker to sugar cane. Sugar Cane (Suppl): 18-20.

Dianda MJ, Bayala T, Diop SJ e Quedraogo. 2009. Melhoria do crescimento de mudas de árvore de carité *(Vitellaria paradoxa* C.F.Gaertn.) usando N mineral, P e fungos micorrízicos arbusculares (AM). Biotechnol.Agron. Soc. Environ.,13: 93-102.

Douglas AE. 2003. Nutritional physiology of aphids. Adv. Insect Physiol. 31:73-140

Ebert T A. 1996. Aphids and Plant Nitrogen. Poway: Welton Ln.

Embden HF Van. 1973. Relações entre plantas hospedeiras de afídeos, alguns estudos recentes. Entomol. Soc. N. EMD Z. Bull. 2:54-64

Febvay G, Rahbe Y, Rynkiewicz M, Guillard J, Bonnot G.1999. Destino da sacarose da dieta e neossíntese de aminoácidos no pulgão da ervilha, *Acyrthosiphon pisum,* criado com diferentes dietas. J. Exp. Biol. 19: 2639-2652

Ge F, Liu X, Li H, Men X e Su J. 2003. Efeito do fertilizante azotado na população de pragas e na produção de algodão. Chin. J. Appl. Ecol. 14:17351738.

Ghosal S. 2013. Gestão da fertilidade do solo da plantação estabelecida de *Ber* (*zizyphus mauritiana*) sob cultivo de lac. The Bioscan 8(3) : 787-790,2013.

Gogi MD, Arif JM, Asif M, Abdin Z, Bashir HM, Arshad M, Khan AM, Abbas Q, Shahid RM e Anwar A. 2012. Impacto dos planos de gestão de nutrientes na infestação de *Bemisia tabaci* e no rendimento do algodão não BT (*Gossypium hirsutum*) em condições não pulverizadas. Pakistan Entomologist, 34(1): 87-92.

Gogoi I, Dutta BC e Gogoi. 2000. Abundância sazonal do jassídeo do algodão no quiabeiro. J. Agric. Sci. society, North -East India, 13: 22-26.

Hendrix PH, DA Crossley Jr. e DC Coleman.1990. Soil biota as components of sustainable agro-ecosystem. Sustainable Agric. Sys., Soil Water Cons. Soc., IA. EUA, pp. 637-54.

Hochachka PW e Somero GN. 2002. Biochemical Adaptation: Mechanism and Process in Physiological Evolution. Oxford: Oxford University Press.

Hu J Z, Lu Q H, Yang J S. 1983. Efeitos do fertilizante e da irrigação sobre a população dos principais insectos-praga e o rendimento do arroz. Ata Entomol Sin, 29 (1): 49-54. (em chinês com resumo em inglês.

Huber DM e Thompson IM. 2007. Nitrogénio e doenças das plantas. In: Datnoff LE, WH Elmer, DM Huber (Eds.) Mineral Nutrition and Plant Disease. APS Press, EUA.

Jaiswal AK e Dwivedi BK 2005. Como cultivar o inseto lacticida na árvore de *Butea monosperma (Palas/Dhak).* New Agriculturist.16 (1/2):155-164.

Jaiswal AK. e Singh JP. 2011. Como cultivar o inseto lacticida em *Zizyphus mauritiana* - ameixeira indiana. Instituto Indiano de Resina Natural e Gomas Namkum Ranchi. (1):1-22.

Janghel SK 2013 Estudo sobre a eficácia comparativa de insecticidas na gestão de predadores da cultura de *Katki* lac na aldeia de Malhara, bloco de Barghat, distrito de Seoni, M.P., Tese de Mestrado (Ag.) apresentada em JNKVV, *Jabalpur.*

Jansson J e B Ekbom. 2002. O efeito de diferentes regimes de nutrientes vegetais no afídeo *Macrosiphum euphorbiae* que cresce em petúnia. Entomologia Experimentalis et Applicata 104(1): 109-116.

Jansson RK, Smilowitz Z.1986. Influência do azoto nos parâmetros populacionais de insectos da batata: Abundância, crescimento populacional e distribuição dentro da planta do pulgão verde do pêssego, *Myzus persicae.* Environ Entomol.15: 49-55.

Kant S e Kafkafi U. 2002. Potassium and Abiotic Stresses in Plants. Em Potassium for Sustainable Crop Production; Pasricha, NS, Bansal, SK, Eds. Instituto de

Potássio da Índia: Gurgaon, Índia, pp. 233-251.

Kapur A.P. 1962. O inseto da laca. In: Mukhopadhyay B e Muthana, MS (eds) A Monograph on Lac. Indian Lac Research Institute, Ranchi, pp 59-89.

Khobragade DK. 2010. Estudos sobre a Incidência dos principais predadores de Kerria lacca (Kerr.) e a sua gestão na cultura de *Baishakhi* lacca no distrito de Anuppur, Madhya Pradesh. Tese de Mestrado (Ag.) apresentada em JNKVV, Jabalpur.

Kumar A e Das R. 2012. New technology and chances of lac culture. ICFRE Dehradun. pp. 5-7.

Kunal R.(2013). Estudo sobre a vigilância de predadores e a sua gestão em *Rangeeni* lac no bloco de Barghat, distrito de Seoni Madhya Pradesh. Dissertação de Mestrado (Ag.) apresentada em JNKVV, Jabalpur.

Lal G , Pareek CS, Sen NL e Soni AK. 2003. Efeito de N, P e K no crescimento, rendimento e qualidade de *Ber* cv. Umran. Indian Journal of Horticulture 60(2): 158-162.

Li M, Osaki M, Rao IM e Tadano T. 1992. Secreção de fitase de raízes de várias espécies em condições de deficiência de fósforo. Plant and Soil. 195 ,161-169.

Li, M., Osaki, M., Rao, I.M., Tadano, T. 1992. Secreção de fitase de raízes de várias espécies em condições de deficiência de fósforo. Plant and Soil. 195 ,161-169.

Listinger J. 1993. A farming systems approach to insect pest management for upland and lowland rice farmers in tropical Asia. Em: Altieri, M. (Ed.), Crop Protection Strategies for Subsistence Farmers. West view Press, Boulder, CO, pp. 45-103.

Liu S, Wang YZ. 1989. Estudo preliminar sobre os efeitos de diferentes quantidades de fertilizantes azotados no bicudo do algodoeiro. J Hebei Agric Univ.12(1): 81-87

LU Zhong-xian, YU Xiao-ping, Kong-luen HEONG , HU Cui. 2007.Effect of Nitrogen Fertilizer on Herbivores and Its Stimulation to Major Insect Pests in Rice. Rice Science, 2007, 14(1): 56-66.

Marschner H. 1995. Mineral Nutrition of Higher Plants (Nutrição Mineral de Plantas Superiores). 2ª Edição. Academic Press, Londres.

McGuinness H. 1987. A importância da diversidade de plantas e do conteúdo nutricional da dieta na dinâmica populacional de insectos herbívoros. Dissertação de doutoramento. Departamento de Biologia, Universidade de Michigan, Ann Arbor, MI.

Metcalfe JR. 1970. Studies on the effect of the nutrient status of sugar cane on the fecundity of

Saccharosydne saccharivora. Bull Entomol Res. 60: 309-325.

Mishra YD, Sushil SN, Bhattacharya A, Kumar S, Mallick A e Sharma KK (1999). Variação intra-específica nas plantas hospedeiras que afectam a produtividade do inseto lacticida indiano, *Kerria lacca* (Kerr). J. Non Timb. Forest Prod., 6 (3/4):114-116.

Mohanta J, Dey DG e Mohanty N. 2012. Desempenho do inseto *Kerria lacca* Kerr em culturas convencionais e não convencionais em torno da Reserva da Biosfera de Similipal, Odisha, Índia. The Bioscan, 7(2): 237-240.

Murugan M e Uthamasamy S. 2001. Comportamento de dispersão da mosca branca do algodão, *Bemisia tabaci,* num ecossistema agrícola de Coimbatore baseado no algodão. Madras Agric. J. 88: 1-6.

Myers SW. e Gratton C. 2006. Influência da fertilidade potássica no pulgão da soja, *Aphid glycines* Matsumura (Hemiptera: Aphididae), na dinâmica populacional a uma escala regional e de campo. Environ.

Entomol. 35:219-227.

Nevo E, Coll M.2001 Effect of nitrogen fertilization on *Aphis gossypii* variation in size, color, and reproduction. J Econ Entomol.94: 2732.

Nori M, Aali J e Asl SR. 2012. Efeito de diferentes fontes e níveis de fertilizante azotado no rendimento e na acumulação de nitratos no alho *(Allium sativum* L.) International Journal of Agriculture and Crop Sciences, 4(24): 1878-1880.

Ogle A, Thomas M e Tiwari LM. 2006. Strategic development of lac in Madhaya Pradesh. Enterplan-Creating a natural advantage, pp. 134.

Ogle,A. e Thomas M. 2006. Relatório de consultoria técnica sobre o desenvolvimento estratégico da lactação em Madhya Pradesh. Enterplan limited UK. pp. 61-65.

Oskarson H, Sigurgeirsson A, e Rasmussen KR. 2006. Sobrevivência, crescimento e nutrição de plântulas de árvores, fertilizadas na plantação em solo da Islândia. Forest Ecol.manage .,299 : 88-97.

Pal G, Jaiswal AK e Bhattacharya A. 2011. Lac statistics at a glance 2010 (Boletim técnico n.º 01/2011), Instituto Indiano de Resinas Naturais e Gomas, Ranchi, pp 1-24.

Pal G. 2009. Impact of scientific lac cultivation training on lac economy - A study in Jharkhand. Agricultural economics Research review. 22: 139-143.

Panickar BK e Patel JB. 2001. Population dynamics of different species of thrips on chilli, cotton and pigeon pea, Indian J. Entomol, 63:170175.

Parihar SBS e Upadhyay NC. 2001. Efeito dos fertilizantes (NPK) na incidência de cigarrinhas e ácaros na cultura da batata. Insect Environ, 7:10-11.

Patel KI, Patel JR, Jayani DB, Shekh AM e Patel NC. 1997. Efeito do clima sazonal na incidência e desenvolvimento das principais pragas do quiabeiro *(Abelmoschus esculentus)*. Indian J. Agric. Sci. 67: 181-183

Paul B, Kumar S e Das A. 2013. Cultivo de Lac e suas árvores hospedeiras encontradas na Divisão Florestal de Bastar. Plant Sciences Feed, 3 (1): 8-12.

PCC, Alterações Climáticas - Impactos, Adaptação e Vulnerabilidade. 2007. In: (Eds.: Parry, ML Canziani OF, Palutikof JP, van der Linden, PJ, Hanson, CE.) Cambridge University Press, Cambridge, UK, pp. 976.

Phelan PL, KH Norris e JF Mason.1996. História da gestão do solo e preferência do hospedeiro por *Ostrinia nubilalis:* Evidência de que o equilíbrio mineral das plantas medeia as interações inseto-planta. Environ. Entomol., 25 (6):1329-1336.

Prudic, K.L., Oliver, J.C. e Bowers, M.D., 2005. Efeitos dos nutrientes do solo na preferência de oviposição, desempenho larvar e defesa química de um inseto herbívoro especialista. Oecolgia, 143:578-587.

Raghothama KG. 1999. Aquisição de fosfato. Revisão Anual de Fisiologia Vegetal e Biologia Molecular Vegetal. 50, 665-693.

Ramani R. 2010. Estratégia nacional para o aumento da produção de lacticínios. In: Questões actuais relacionadas com a produção de lac. Instituto Indiano de Resinas Naturais e Gomas. pp. 1-3.

Ramani R. 2011. Estratégia nacional para o aumento da produção de lac. Questões actuais relacionadas com a produção de lac Instituto Indiano de Resina Natural e Gomas, Namkum, Ranchi. pp. 1-3.

Rao AR e Singh P. 1990. Lac cultivation and marketing Indian Forest Research,166 (6), 459-463.

Rhodes JD, Croghan PC e Dixon AFG. 1996. Absorção, excreção e respiração de sacarose e aminoácidos pelo pulgão da ervilha *Acyrthosiphonpisum.* J. Exp. Biol. 199, 1269 -1276.

Romheld V e Kirkby EA. (2010) Research on potassium in agriculture: Necessidades e perspectivas. Plant Soil, 335: 155-180.

Roonwal ML. 1962. Lac Hosts. In: Mukhopadhyay B e Muthana MS (eds) A Monograph on Lac, Indian Lac Research Institute, Ranchi, pp 1458.

Scriber, J. 1984. Nutrição azotada das plantas e invasão de insectos. In: Hauck, R. (Ed.), Nitrogen in Crop Production. Sociedade Americana de Agronomia, Madison, WI.

Senapati B e Mohanty GB. 1980. Uma nota sobre a flutuação populacional de pragas sugadoras no algodão. Madras Agric. J., 67: 624-630..

Sharma K.K. e Jaiswal AK. 2011. Recent Advances in Lac Culture. Fator biótico que afecta a produtividade do inseto da laca. Instituto Indiano de Resina Natural e Gomas Namkum, Ranchi. pp. 63-67.

Sharma KK, e Jaiswal AK. 2002. Tecnologias de cultivo de Lac. In: Recent Advances in Lac Culture. Kumar KK Ramani R. e Sharma KK. (Eds.) ILRI, Namkum, Ranchi. pp. 41-48.

Sharma KK, Ramani R e Mishra YD. 1997. An additional list of the host plants of lac insects, *Kerria spp.* (Tachardidae: Homoptera). J. Non-Timber For. Prod. 4: 151-155.

Singh JP, Jaiswal AK, Monobrullah MD e Bhattacharya A. 2009. Resposta de alguns insecticidas selecionados sobre o predador neuropteriano *(Chrysopa lacciperda)* do inseto lacticida *(Kerria lacca)*. Indian Journal of Agricultural Science 79(9): 727-31.

Singh R. 2006. Lac Culture A monograph published by Udai Pratap Autonomous College Varanasi-221002, pp. 2-18.

Skinner RH e AC Cohen. 1994. Efeitos da nutrição de fósforo e da idade da folha na seleção do hospedeiro da mosca branca da batata-doce (Homoptera: Aleyrodidae). Environmental Entomology 23(3): 693-698.

Skinner RH e Cohen AC. 1994. Efeitos da nutrição de fósforo e da idade da folha na seleção do hospedeiro da mosca branca da batata-doce (Homoptera: Aleyrodidae). Environmental Entomology, 23(3): 693-698

Slansky FJ, Scriber JM.1985. Consumo e utilização de alimentos. In: Kerkut G A, Gilbert L I. Comprehensive Insect Physiology, Biochemistry, and Pharmacology, 4. Pergamon: Oxford, 1985: 87-163.

Spicer JI e Gaston KJ. 1999. Physiological Diversity and its Ecological Implications (Diversidade fisiológica e suas implicações ecológicas). Oxford: Blackwell Sciences.

Srivastava SC. 2011. Lac host plant-current status and distribution. Instituto Indiano de Resina Natural e Gomas, Namkum, Ranchi. pp. 73-81.

Su JW, Men XY, Ge F, Liu XH, Li HD.2003. Efeito do fertilizante azotado na população de pragas e na produção de algodão. Chinese J Appl Ecol. 14(10): 1735-1738. (em chinês com resumo em inglês)

Subramanaian R. e Balasubramanaian M. 1976. Efeito da nutrição Potash na incidência de certos insectos pragas do arroz Madras. Agric. J. 63: 561-564.

Tahir HS. 2014. Numa comunicação pessoal.

Teetes G. 1980. Melhoramento de sorgo resistente a insectos. Em: Maxwell, F., Jennings, P. (Eds.), Breeding Plants Resistant to insects. Wiley, Nova Iorque, pp. 457-485.

Vaithillingan C, Balasubramanaian M, e Subramanaian R. 1976. Efeito da nutrição Potash na alimentação e excreção da cigarrinha castanha em três variedades de arroz Madras. Agric. J. 63 (8/10): 571-572.

Vaithillingan C, Baskaran. 1983.Pyramiding de certos traços de resistência a insectos em algumas variedades de arroz com K f looding. Proc. Rice. Pest Mgt. TNAU, Coimbatore. Índia.

Vance CP, Uhde-Stone C, Allan D. 2003. Aquisição e uso de fósforo: adaptação crítica das plantas para garantir recursos não renováveis. New Phytologist. 15, 423-447.

Walter AJ e CD Difonzo. 2007. A deficiência de potássio no solo afecta o azoto do floema da soja e as populações de afídeos da soja. Environmental Entomology 36(1): 26-33.

Willings PW e Dixon AFG. 1987.Sycamore aphid numbers and population density. III. O papel das alterações induzidas pelos afídeos na qualidade das plantas. J. Anim. Ecol. 56: 161-170.

Yoshida. 1981. Fudamentos da ciência da cultura do arroz. Intern. Rice Res. Instt. Philipines.

Zengin M, Fatma G, Atilla MY e GezGin S. 2009. Efeito dos adubos com potássio, magnésio e enxofre no rendimento e na qualidade da beterraba sacarina *(Beta vulgaris* L.) Turk.J.Agric.33 : 495-502.

Zimmerman MH e Ziegler H. 1975. Apêndice III: lista de açúcares e álcoois de açúcar em exsudados de tubo crivado. pp 480-503. in M.H. Zimmerman e J.A. Milbum (eds). Encyclopedia of Plant Physiology. Nova Série, Vol. I. Transporte. Springer-Verlag, Berlim.

Printed by Books on Demand GmbH, Norderstedt / Germany